「もしも？」の図鑑

くらべる恐竜図鑑

How to compare Dinosaur

監修◆群馬県立自然史博物館　著◆土屋 健

実業之日本社

第1章 恐竜のいろいろをくらべる

第2章 恐竜ワールドカップ

第3章 古生物のいろいろをくらべる

ケラトふたたび！
ぼく竜太
恐竜が大好きな小学５年生
夏休みに海の学校で
島めぐりにやって来たよ
わあ
あの島スゴイ
ステゴサウルス
そっくり！！

あっちはティラノサウルスみたいだし、カッコイイな!!
ここの島々は恐竜に似ていると評判なのよね
これはアンキロサウルス
アロサウルスも!
それにしても竜太、よっぽど恐竜が好きなんだな
いろんな名前知ってるな

恐竜が生きていたことを考えるだけでワクワクするんだ
この島、本物みたいに今にも動きそう
ちょっとコワイ

恐竜って本当にいたら、こんなに島みたいに大きいのか?
いろんな大きさがあるんだよ
人間が乗れるサイズや小鳥くらい小さな恐竜もいるしね

恐竜に乗ったら
自動車に乗るより
速いのかな？

走るスピードが
速い恐竜も
いるとは思うけど
自動車とくらべた
ことはないから
わからないよ～

ぼくが教えて
あげるよ

な、なに？
あの小島から
声が！？

ムク
ムク

※詳しくは『「もしも？」の図鑑　恐竜の飼い方』を読んでね

この前は突然
いなくなってごめんね
みんなが恐竜について知りたいみたいだから、また会いに来たよ
恐竜について教えてくれるの!?
クラスのみんな

ねえねえ
恐竜ってどのくらい
速く走れるの?
ねえ、あの魚みたく
泳げる恐竜いるのかしら?
恐竜って強いんだよね
戦ったらどの恐竜が
一番かなぁ?
何歳まで
生きれるの?
恐竜って卵から生まれるって
聞いたことあるんだけど本当?
どのくらい大きいの?

ちょ、ちょっと
みんな、そんなに
いっぺんに質問したら
ケラト、困っちゃうよ
大丈夫だよ
これからみんなの
知りたい気持ちに
答えるよ。ついてきてね

よーしこれから
恐竜の世界に出発だ！
GO!

第1章

恐竜のいろいろをくらべる

これまでにみつかっている恐竜の数は、およそ1000種類。その姿は、グループや種によって、実にさまざまです。長い首と長い尾をもつ30mを超える巨大な恐竜もいれば、現代の小型犬よりも小さな恐竜もいました。

また、研究が進んできたことで、一部の恐竜の「嗅覚」や「かむ力」などもわかってきました。さまざまなキーワードで恐竜たちをくらべてみましょう。

走るをくらべる（→p.54）

ワクワク！
楽(たの)しみ！

…etc

やっぱり大きかった恐竜たち

約46億年という地球の長い歴史の中で、今から２億3000万年前に出現し、１億6000万年間以上も繁栄した恐竜たちは、史上最も大きなからだをもった陸上脊椎動物でした。では、いったい、どのくらいの大きさがあったのでしょう？ ここでは、とくに大きい種や有名な種を選び、現代の乗り物や動物とくらべてみました。

アルゼンチノサウルス
Argentinosaurus
化石産地 アルゼンチン
生きていた時代 白亜紀中期
特徴 小さな頭と長い首と長い尾が特徴の植物食恐竜グループ、「竜脚類」の一種。史上最大の恐竜といわれています。
36m
27.35m(先頭車両)+25m(中間車両)
N700系新幹線
KIOSK

くらべてみよう
全長
ギガノトサウルス
Giganotosaurus
化石産地 アルゼンチン
生きていた時代 白亜紀後期
特徴 獲物の肉を切り裂くように食べる肉食恐竜。魚ではなく肉を主食とする陸上動物では最大です。
14m
12m
7m
イリエワニ
Crocodylus porosus
特徴 ヒトを襲うこともある、超大型のワニです。
13m
ティラノティタン
Tyrannotitan
化石産地 アルゼンチン
生きていた時代 白亜紀前期
特徴 ギガノトサウルスに近縁の大型肉食恐竜で、ギガノトサウルスよりもわずかに小柄でした。

ティラノサウルス
Tyrannosaurus

化石産地 アメリカ
生きていた時代 白亜紀後期
特徴 獲物を骨ごと噛み砕く大型肉食恐竜です。有名な“恐竜王”ですが、最大の肉食恐竜というわけではありません。

スピノサウルス
Spinosaurus

化石産地 エジプト、モロッコ
生きていた時代 白亜紀後期
特徴 大きな帆をもつ肉食恐竜。水中で生活し、魚を食べていたという説があります。肉食恐竜としては最大です。

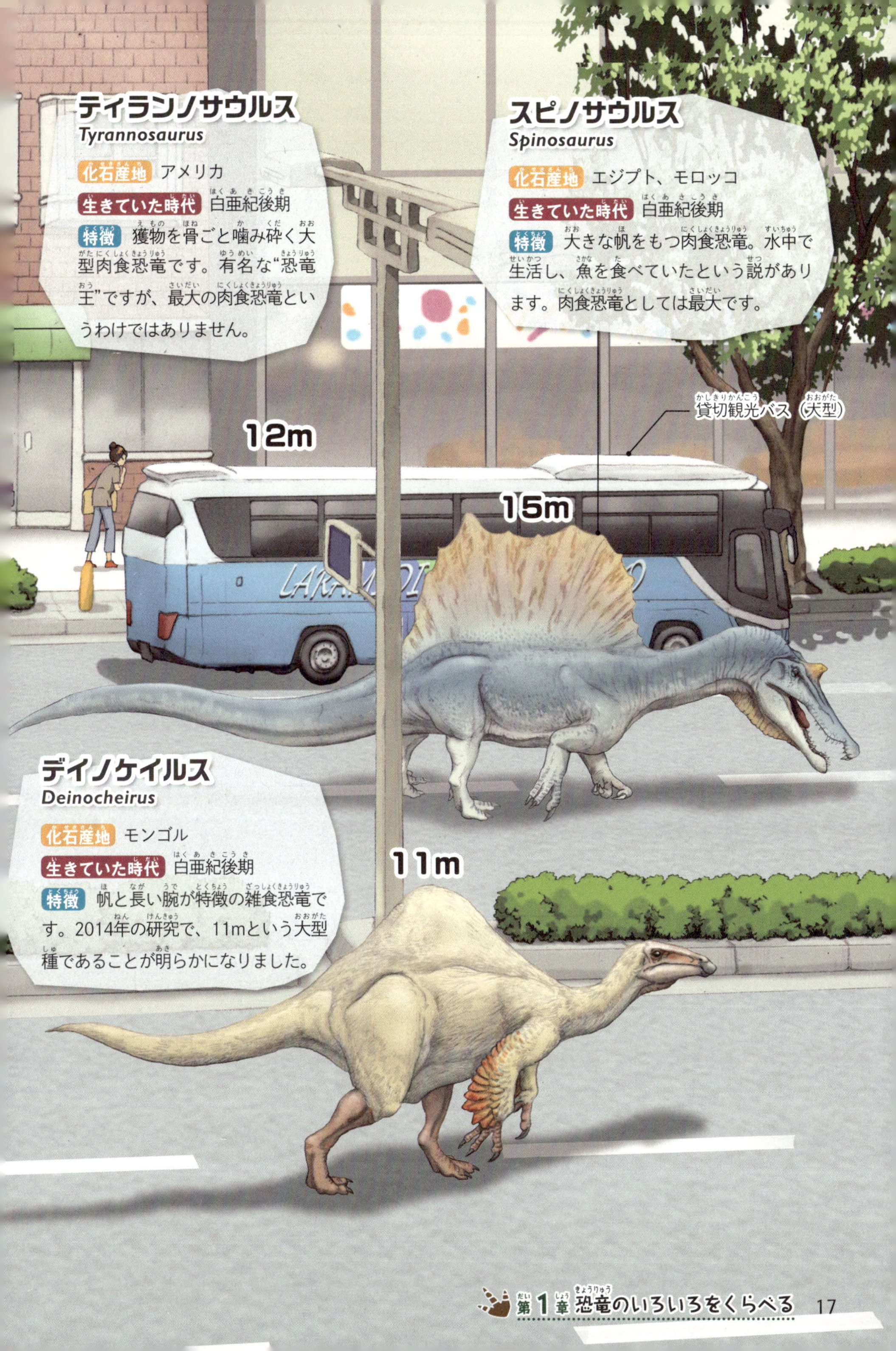

貸切観光バス（大型）

12m

15m

デイノケイルス
Deinocheirus

化石産地 モンゴル
生きていた時代 白亜紀後期
特徴 帆と長い腕が特徴の雑食恐竜です。2014年の研究で、11mという大型種であることが明らかになりました。

11m

パキケファロサウルス
Pachycephalosaurus

化石産地 アメリカ

生きていた時代 白亜紀後期

特徴 いわゆる「石頭恐竜」です。ここにエントリーしている植物食恐竜の中では、最も小柄です。

イグアノドン
Iguanodon

化石産地 イギリス、ベルギーほか

生きていた時代 白亜紀前期

特徴 2番目に名前のついた植物食恐竜です。資料によっては10mまで成長した、という指摘もあります。

8m

8.5m

4.5m

トリケラトプス
Triceratops

化石産地 アメリカ

生きていた時代 白亜紀後期

特徴 3本のツノと、後頭部の大きなフリルが特徴の植物食恐竜です。ティラノサウルスと渡り合う巨体の持ち主でした。

デイノニクス
Deinonychus
化石産地 アメリカ
生きていた時代 白亜紀前期
特徴 映画『ジュラシック・パーク』に登場する「ラプトル」のモデルとされる小型の肉食恐竜です。
アンキロサウルス
Ankylosaurus
化石産地 アメリカ
生きていた時代 白亜紀後期
特徴 代表的な鎧竜類で、背をたくさんの骨の板で覆っていました。長さのわりには高さがありません。
2.5m
3.3m
タクシー
4.7m
ウシ（ホルスタイン）
Bos taurus
特徴 一般的な乳牛です。肩の高さは1.5mほどあります。
7m
6.5m
ステゴサウルス
Stegosaurus
化石産地 アメリカ
生きていた時代 ジュラ紀後期
特徴 代表的な剣竜類です。からだの幅はうすく、縦と前後に長くなっています。

くらべてみよう

体重（重さ）

トリケラトプス
Triceratops

化石産地　アメリカ

生きていた時代　白亜紀後期

特徴　角竜類の代表種です。ティランノサウルス（6t）よりも重さがありました。

9t

7.5t

アンキロサウルス
Ankylosaurus

化石産地　アメリカ

生きていた時代　白亜紀後期

特徴　鎧竜類の代表種です。背が低く、重さがあるため、安定していて、なかなかひっくり返すことはできません。

アフリカゾウ
Loxodonta africana

特徴　成獣になると、ライオン30頭分の重さがあります。

参考文献『Dinosaur Paleobiology』など

自然界では、「重い」ということは「強い」ということにもつながります。植物食性の動物にとっては、「重い」ということは、「襲われにくい」ということです。現在の動物たちも、成獣となったゾウは、ライオンやトラになかなか襲われません。ここでは、そんな植物食恐竜たちの重さを、肉食恐竜や現在の重量級の代表といえるゾウとくらべてみましょう。

アルゼンチノサウルス
Argentinosaurus

化石産地 アルゼンチン

生きていた時代 白亜紀中期

特徴 最も長い恐竜は、最も重い恐竜でもありました。その重さは、アフリカゾウ9頭分以上になります。

マプサウルス
Mapusaurus

化石産地 アルゼンチン

生きていた時代 白亜紀後期

特徴 全長11.5m。ティラノサウルスにせまる大型の肉食恐竜です。しかし、ほっそりしていて、あまり重くありません。

その恐竜、
お家で飼えますか？
くらべてみよう
体重（軽さ）
ディロング
Dilong
化石産地 中国
生きていた時代 白亜紀前期
特徴 ティラノサウルスの仲間の肉食恐竜ですが、全長1.6mほどしかない小型種でした。
15kg
アンキオルニス
Anchiornis
化石産地 中国
生きていた時代 ジュラ紀後期
特徴 両腕と両脚に翼をもつ小型の肉食恐竜です。全長も35cmほどしかありませんでした。
250g
イヌ（チワワ）
Canis familiaris
特徴 代表的な小型犬の品種です。
1.5kg
参考文献『Dinosaur Paleobiology』など

からだの大きさ(全長)が小さな恐竜ほど、体重は軽くなります。軽い恐竜は、すばやく動けたり、高いところに登ることができます。ちなみに、恐竜類の生き残りである現代の鳥類は、驚くほど体重がありません。また、家で恐竜を飼うことができたとしたら「軽いこと」は大事な条件の一つになるでしょう。踏まれても痛くありませんし、食費もあまりかかりません。

ヴェロキラプトル
Velociraptor

化石産地 モンゴル、中国

生きていた時代 白亜紀後期

特徴 全長2.5mの小型肉食恐竜です。脚の第2指が鋭いかぎ爪になっていて、獲物に飛びかかって突き刺していたようです。

コンプソグナトゥス
Compsognathus

化石産地 ドイツ、フランス

生きていた時代 ジュラ紀後期

特徴 「コンピー」の愛称をもつ、小型の肉食恐竜です。全長は1.25mほどありました。

2.5kg

25kg

フルイタデンス
Fruitadens

化石産地 アメリカ

生きていた時代 ジュラ紀後期

特徴 全長65cmほどの植物食恐竜です。アメリカで最も小さな恐竜(鳥類をのぞく)の一つです。

500g

長い首と長い尾をもち、4本の足で歩く植物食の恐竜を「竜脚類」とよびます。彼らは長い首をもち上げることで、ほかの植物食恐竜が届かないような高い樹木の葉も食べることができたといわれています。

では、実際のところ、どのくらいの高さまで首が届いたのでしょう？　鎌倉の大仏よりも高いところまで届いたのでしょうか？　現在のキリンとくらべると、どちらが高かったのでしょう？

バロサウルス
Barosaurus

化石産地 アメリカ

生きていた時代 ジュラ紀後期

特徴 ギラファッティタンと同じくらいの全長をもつ竜脚類ですが、ギラファッティタンほど高くまで首をもち上げられませんでした。

参考文献『Biology of the Sauropod Dinosaurs』など

18m
（台座をふくむ）
鎌倉の大仏
14m
ギラファッティタン
Giraffatitan
化石産地 タンザニア
生きていた時代 ジュラ紀後期
特徴 後脚よりも前脚が長いという特徴がある竜脚類です。鎌倉の大仏の顔のあたりの高さまで首が届きました。

高さ

ディプロドクス
Diplodocus

化石産地　アメリカ

生きていた時代　ジュラ紀後期

特徴　アメリカを代表する竜脚類の一種です。首をもち上げた高さは、日本の一般住宅の３階の天井くらいです。

9.5m

大型掘立柱建物

14.7m

キリン
Giraffa camelopardalis

特徴　長い首は、仲間内でケンカをするときにも使われていました。

7m

参考文献『Biology of the Sauropod Dinosaurs』など

アパトサウルス
Apatosaurus

化石産地 アメリカ
生きていた時代 ジュラ紀後期
特徴 よく知られる竜脚類の一種です。カマラサウルスと同じくらいまで首をもち上げることができました。

カマラサウルス
Camarasaurus

化石産地 アメリカ
生きていた時代 ジュラ紀後期
特徴 寸詰まりの吻部をもつ頭部が特徴の竜脚類です。首をもち上げた高さは、日本の2階建て住宅の屋根あたりでした。

マメンチサウルス
Mamenchisaurus

化石産地 中国
生きていた時代 ジュラ紀後期
特徴 最も首の長い竜脚類ですが、あまり上のほうまでは首をもち上げられなかったようです。

10.5m

8m

8m

アーケオプテリクス
Archaeopteryx

化石産地 ドイツ

生きていた時代 ジュラ紀後期

特徴 全長50cm。「始祖鳥」とよばれる羽毛恐竜です。あまり臭いには敏感ではなかったようです。

ティランノサウルス
Tyrannosaurus

化石産地 アメリカ、カナダ

生きていた時代 白亜紀後期

特徴 大型の肉食恐竜です。大きな嗅球をもっており、とても鼻がよかったとみられています。仮に目隠しをしていても、臭いだけで獲物を探すことができたでしょう。

嗅球の割合
71%

イヌ（シェパード）
Canis familiaris

特徴 警察犬で有名な品種です。わずかな臭いも嗅ぎつけて、犯人を捜します。

参考文献 Zelenitsky et al.（2009）

「見る(視覚)」「嗅ぐ(嗅覚)」「聞く(聴覚)」「触る(触角)」「味わう(味覚)」という感覚を「五感」とよびます。このうち、「視覚」「嗅覚」「聴覚」は、獲物を探すうえでとくに大切な感覚です。その中でも「嗅覚」は、風が自分に向かっていれば、視覚や聴覚ではわからない遠くの獲物や、物陰に隠れてじっとしている獲物も察知することができます。

五感の性能を知るためには、生きている動物を観察したり、細胞を調べたりすることが一番の近道です。しかし絶滅した恐竜ではそれができません。そこで、脳が入っていた"骨のケース"を調べることで嗅覚を推し測ろう、という研究があります(脳自体はほとんど化石に残りません)。「嗅球」という嗅覚を司る器官が、脳の中でどのくらいの大きさ(割合)なのかを、手がかりにするのです。

ディロング
Dilong

化石産地 中国

生きていた時代 白亜紀前期

特徴 ティラノサウルスの仲間の肉食恐竜です。ティラノサウルスとくらべると嗅覚はよくなかったようです。

ギガノトサウルス
Giganotosaurus

化石産地 アルゼンチン

生きていた時代 白亜紀後期

特徴 大型の肉食恐竜です。このページで紹介した中では嗅覚はよかったほうです。しかし、それでもティランノサウルスにはおよびませんでした。

嗅球の割合
57%

嗅球の割合
31.5%

オルニトミムス
Ornithomimus

化石産地 アメリカ、カナダ

生きていた時代 白亜紀後期

特徴 「ダチョウ恐竜」とよばれる脚の速い恐竜の一種で、植物食だったと考えられています。特別に嗅覚が優れていたわけではなさそうです。

ミシシッピワニ
Alligator mississippiensis

特徴 同じ方法で計算されたワニの嗅球の割合は、ギガノトサウルスに近くなります。

参考文献 Zelenitsky et al.（2009）

ケラトサウルス
Ceratosaurus
化石産地 アメリカ
生きていた時代 ジュラ紀後期
特徴 全長7mほどの肉食恐竜で、鼻の上に平たい突起があることが特徴です。小型の恐竜よりは鼻がよかったようです。
嗅球の割合
48.1%
嗅球の割合
55%
嗅球の割合
35.7%
ヴェロキラプトル
Velociraptor
化石産地 モンゴル、中国
生きていた時代 白亜紀後期
特徴 小型肉食恐竜です。特別に嗅覚が優れていたわけではなさそうです。

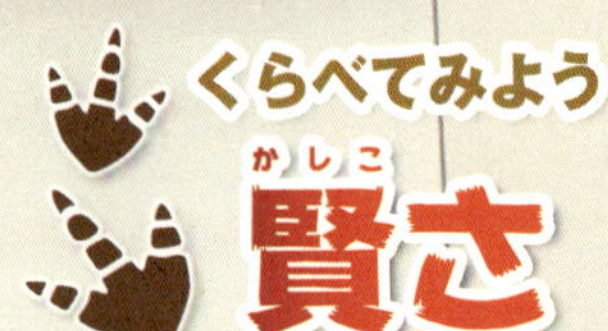

賢さ

トロオドンなどの獣脚類ドロマエオサウルス類

特徴 小型の肉食恐竜グループです。肉食恐竜は全般的に高いEQ値をもちます。とくにトロオドンの仲間であるドロマエオサウルス類は、すべての恐竜の中で、最も賢い恐竜のグループとして知られています。

EQ値 0.7～0.9

トリケラトプスなどの角竜類

特徴 トリケラトプスに代表される角竜類は、現在のワニよりも少し低いEQ値をもっていました。

EQ値 0.6

ステゴサウルスなどの剣竜類

特徴 ステゴサウルスに代表される剣竜類のEQ値は、トロオドンの約10分の1程度でした。

EQ値 1.0

ワニ

特徴 このページで紹介しているEQ値は、現在のワニを1としたときに、くらべてみてどのくらい高いか、低いかを示したものです。

参考文献『恐竜学入門』

アパトサウルスなどの竜脚類

特徴 アパトサウルスに代表される竜脚類は、恐竜の各グループ中では最も低いEQ値です。

EQ値 0.4

EQ値 5.8

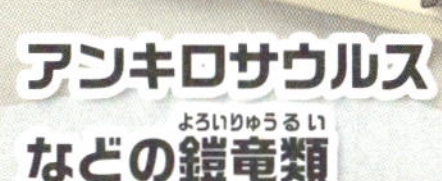

アンキロサウルスなどの鎧竜類

特徴 アンキロサウルスに代表される鎧竜類は、現在のワニの半分ほどしかEQ値がありません。

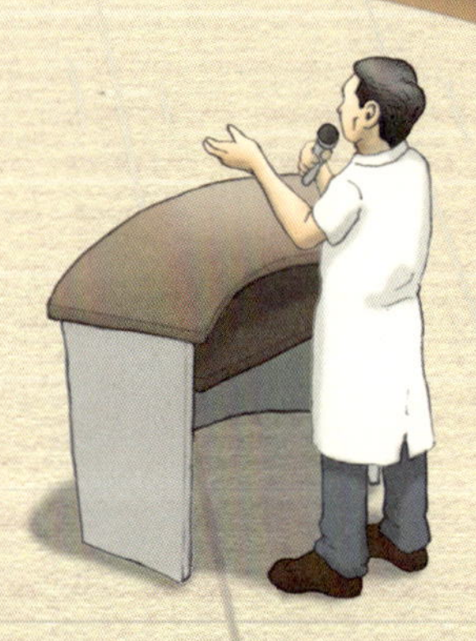

多くの場合で、脳が大きい種ほど賢い傾向があることが知られています。しかしよく考えると、大きなからだの動物が、大きな脳をもっていることは当たり前のように思えます。大切なのは、体重に対する脳の大きさの割合です。この割合のことを「EQ値」とよびます。ここでは、各グループを代表する恐竜を挙げながら、そのEQ値をくらべてみましょう。

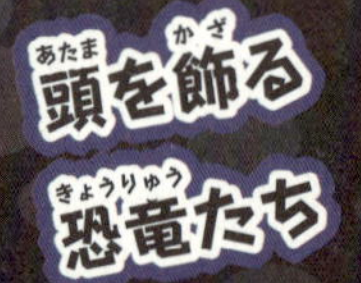

クリオロフォサウルス
Cryolophosaurus

化石産地 南極大陸

生きていた時代 ジュラ紀前期

特徴 全長6mほどの肉食恐竜です。骨でできた、横向きの小さなトサカをもっていました。

横向きのトサカ

2枚のトサカ

小さなツノ

ディロフォサウルス
Dilophosaurus

化石産地 アメリカ

生きていた時代 ジュラ紀前期

特徴 全長7mほどの肉食恐竜です。頭部には、骨でできた2枚のトサカをもっていました。

植物食恐竜の中には、頭の上にツノやフリルをもっていたり、小さなトゲを“石頭”の周りに並べていたり、さまざまな飾りをもつものが少なくありません。一方で、肉食恐竜の中にも、トゲやトサカをもった種がいたことがわかっています。こうした頭部の武装は、敵から身を守ったり、仲間内でのケンカや、異性へのアピールに使われたとみられています。

マジュンガサウルス
Majungasaurus

化石産地 マダガスカル

生きていた時代 白亜紀後期

特徴 全長6mほどの肉食恐竜です。頭頂部に小さなツノを1本だけもっていました。

ヘラジカ
Alces alces

特徴 手のひらのような形に枝分かれした大きなツノを左右に1本ずつもっています。

幅の広いツノ

オロロティタン
Olorotitan

化石産地 ロシア

生きていた時代 白亜紀後期

特徴 全長8mほど、パラサウロロフスに近縁の鳥脚類です。斧のような形をしたトサカをもっていました。

斧のようなトサカ

音を出すトサカ

前後にトサカ

ランベオサウルス
Lambeosaurus

化石産地 カナダ

生きていた時代 白亜紀後期

特徴 全長6.7mほどの、パラサウロロフスに近縁の鳥脚類です。額の上に大きなトサカ、後頭部にも小さなトサカをもっていました。

パラサウロロフス
Parasaurolophus

化石産地 カナダ、アメリカ

生きていた時代 白亜紀後期

特徴 全長7.5mほどの植物食恐竜で、「鳥脚類」というグループに属します。長いトサカが後頭部から伸びていて、そこに空気を通すことで低い音を出せたようです。

くらべてみよう

頭部の“武装”

スティギモロク
Stygimoloch

化石産地 アメリカ

生きていた時代 白亜紀後期

特徴 全長3mほどの堅頭竜類で、パキケファロサウルスの亜成体※ではないか、という指摘もあります。頭部には控えめのこぶと、大小のトゲがありました。

パキケファロサウルス
Pachycephalosaurus

化石産地 アメリカ

生きていた時代 白亜紀後期

特徴 全長4.5mほどの植物食恐竜で、「石頭恐竜」で知られる「堅頭竜類」の代表種です。頭部がドームのように膨らんでいました。

ドーム状の“石頭”

こぶとトゲ

たくさんのトゲ

前を向いた鼻先のツノ

ねじれたツノ

ブラックバック
Antilope cervicapra

特徴 最長70cmに達するツノは、ねじれながらまっすぐにのびています。

ドラコレックス
Dracorex

化石産地 アメリカ

生きていた時代 白亜紀後期

特徴 全長2.5mほどの堅頭竜類で、パキケファロサウルスの幼体ではないかという指摘もあります。頭部はほとんど盛り上がらず、大小たくさんのトゲがありました。

バビルーサ
Babyrousa babyrussa

特徴 上あごから生える牙の先が大きく曲がって上にのび、皮ふを貫いています。

※亜成体……成体になる直前の段階のこと。

パキリノサウルス
Pachyrhinosaurus

化石産地 アメリカ、カナダ

生きていた時代 白亜紀後期

特徴 全長8mほどの植物食恐竜で、角竜類の一種です。鼻先には大きなこぶがありました。

エイニオサウルス
Einiosaurus

化石産地 アメリカ

生きていた時代 白亜紀後期

特徴 全長6mほどの植物食恐竜で、角竜類の一種です。鼻先のツノは急角度で曲がって、前を向いていました。

コスモケラトプス
Kosmoceratops

化石産地 アメリカ

生きていた時代 白亜紀後期

特徴 全長5mほどの植物食恐竜で、角竜類の一種です。後頭部のフリルには合計10本のトゲが並んでいました。

大きなこぶ

トゲの並ぶフリル

突き出た牙

背中を守る

くらべてみよう 背中の“武装”

ステゴサウルス
Stegosaurus

化石産地 アメリカ

生きていた時代 ジュラ紀後期

特徴 全長6.5mの代表的な剣竜類です。背中に並ぶ板は体温調節に使われたとみられています。

フタコブラクダ
Camelus bactrianus

特徴 背中の2つのこぶには、脂肪がたくわえられています。

そそり立つ骨の板

コンカベナトル
Concavenator

化石産地 スペイン

生きていた時代 白亜紀前期

特徴 全長6mの肉食恐竜です。肉食恐竜の仲間（獣脚類）としては珍しく、腰の上に突起をもっていました。

腰に突起

こぶが2つ

ガストニア
Gastonia

化石産地 アメリカ

生きていた時代 白亜紀前期

特徴 全長5mの鎧竜類です。背中から尾にかけての側面には、突起のある骨の板が並んでいました。

ミツオビアルマジロ
Tolypeutes tricinctus

特徴 ボールのように丸くなって、骨の鎧で身を守ります。

骨の鎧

トゲの鎧

そそり立つ骨の板、背中に並ぶ細かな骨片、肩からのびる太いトゲなど。植物食恐竜の中には、背中にさまざまな“武装”をもつものがたくさんいました。こうした武装は、身を守るための鎧だったり、肉食恐竜を威嚇するためであったりする一方で、体温の調節や、仲間同士の目印、異性へのアピールなどに役立っていたとみられています。

首に並ぶトゲ

アマルガサウルス
Amargasaurus

化石産地 アルゼンチン

生きていた時代 白亜紀前期

特徴 大型植物食恐竜である竜脚類の一種で、全長は13mあります。トゲが2列になって、首の上に並んでいました。

ケントロサウルス
Kentrosaurus

化石産地 タンザニア

生きていた時代 ジュラ紀後期

特徴 全長4mほどの剣竜類です。背中の前の方には骨の板が並び、後ろのほうにはトゲが並んでいました。

骨の板とトゲが並ぶ

肩からのびる太いトゲ

エドモントニア
Edmontonia

化石産地 アメリカ、カナダ

生きていた時代 白亜紀後期

特徴 全長6m、独特の口先をもつ鎧竜類です。両肩に太いトゲをもっていました。

ハリモグラ
Tachyglossus aculeatus

特徴 からだ全体を細かなトゲで覆っています。

たくさんの針

キイロドロガメ
Kinosternon flavescens

特徴 甲羅の中に手足や頭、尾を収納して、蓋をすることができます。

首や手足を収納できる甲羅

くらべてみよう

尾のいろいろ

シュノサウルス

Shunosaurus

化石産地 中国

生きていた時代 ジュラ紀中期

特徴 全長9.5m、竜脚類の一種です。尾の先には小さなトゲのついたこぶをもっていました。

こぶ

トゲ

スピノフォロサウルス

Spinophorosaurus

化石産地 ニジェール

生きていた時代 ジュラ紀中期

特徴 全長13m、竜脚類の一種です。長い尾の先には、小さなトゲが2組並んでいました。

ニホンヤモリ

Gekko japonicus

特徴 敵に襲われると自分で、尾を切り離して逃げます。

切ってにげる

わたしたち人間には尾はありません。しかし、尾をもつ動物にとって、その尾はいろいろな役割を担っています。恐竜だって例外ではありません。とくに植物食恐竜は種によってさまざまな“武器”を尾の先にもち、その恐竜の特徴になっています。ここでは、そういった恐竜たちの尾を並べてみました。現生動物の尾とくらべてみましょう。

ステゴサウルス

Stegosaurus

化石産地 アメリカ

生きていた時代 ジュラ紀後期

特徴 全長6.5m。剣竜類の一種です。尾の先には、2対4本の長く太いトゲがありました。肉食恐竜アロサウルスの化石には、この尾に腰をつらぬかれたとされる標本があります。

アカカンガルー

Macropus rufus

特徴 尾は走る時にはバランスをとるために使われ、後脚でキックをする場合には、からだを支えます。

尾のいろいろ

アンキロサウルス
Ankylosaurus

化石産地 アメリカ

生きていた時代 白亜紀後期

特徴 全長7m。鎧竜類の代表種です。尾の先に、まるでハンマーのような大きなこぶをもっていました。

サイカニア
Saichania

化石産地 モンゴル

生きていた時代 白亜紀後期

特徴 全長5.2m。鎧竜類の一種です。尾には、尖った骨の板が並び、尾の先端には小さなこぶがあります。

フサオマキザル
Cebus apella

特徴 2本脚で立つ時にからだを支えたり、尾の先端でものをつかんだりします。

ディプロドクス
Diplodocus

化石産地 アメリカ
生きていた時代 ジュラ紀後期
特徴 全長25mの竜脚類の一種です。尾には何もついていませんが、そもそも「長い尾」自体が、鞭のような武器になったとみられています。

イヌ
Canis familiaris

特徴 イヌの仲間は、尾を振ったり、後脚の間に巻きこんだりする種がいます。うれしい、こわいなどの気持ちを表現していると考えられています。

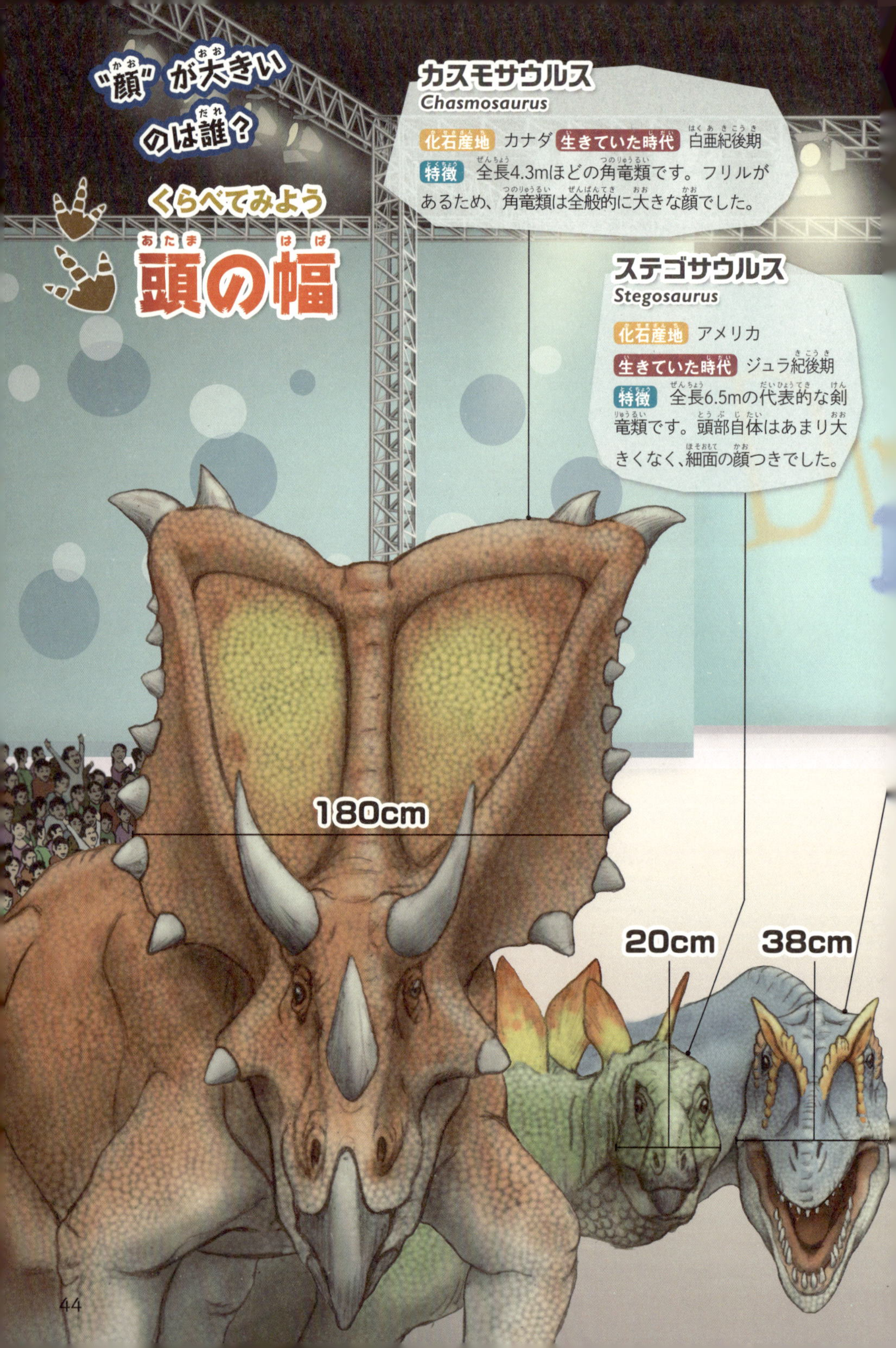
"顔"が大きいのは誰？
くらべてみよう
頭の幅
カスモサウルス
Chasmosaurus
化石産地 カナダ 生きていた時代 白亜紀後期
特徴 全長4.3mほどの角竜類です。フリルがあるため、角竜類は全般的に大きな顔でした。
ステゴサウルス
Stegosaurus
化石産地 アメリカ
生きていた時代 ジュラ紀後期
特徴 全長6.5mの代表的な剣竜類です。頭部自体はあまり大きくなく、細面の顔つきでした。
180cm
20cm
38cm

後頭部にフリルをもつ角竜類は、正面から見たときの"顔"のサイズが随一。ここにエントリーしたカスモサウルスは、まさにそうした角竜類の一種です。

頭部を正面からみたときの横幅、つまり、顔の横幅は、肉食性、植物性を問わず恐竜によってさまざまです。

アロサウルス
Allosaurus

化石産地 アメリカ
生きていた時代 ジュラ紀後期
特徴 全長8.5mのすらりとした肉食恐竜で、口にはナイフのような牙が並びます。ほっそりとした顔でした。

キアンゾウサウルス
Qianzhousaurus

化石産地 中国 生きていた時代 白亜紀後期
特徴 全長12mはあろうかという大型の肉食恐竜です。ティランノサウルスの仲間ですが、顔がとても細いため「ピノキオ・レックス」というニックネームもあります。

ティランノサウルス
Tyrannosaurus

化石産地 アメリカ
生きていた時代 白亜紀後期
特徴 全長12mの肉食恐竜です。その頭の幅は60cm以上もあり、ほかの恐竜たちを圧倒します。

タルボサウルス
Tarbosaurus

化石産地 モンゴル、中国
生きていた時代 白亜紀後期
特徴 全長9.5mの肉食恐竜で、ティランノサウルスとよく似ています。ただし、ティランノサウルスよりはスリムな顔つき・体つきでした。

イヌ（ラブラドールレトリバー）
Canis familiaris

特徴 代表的な大型犬の品種です。盲導犬としてよく知られています。

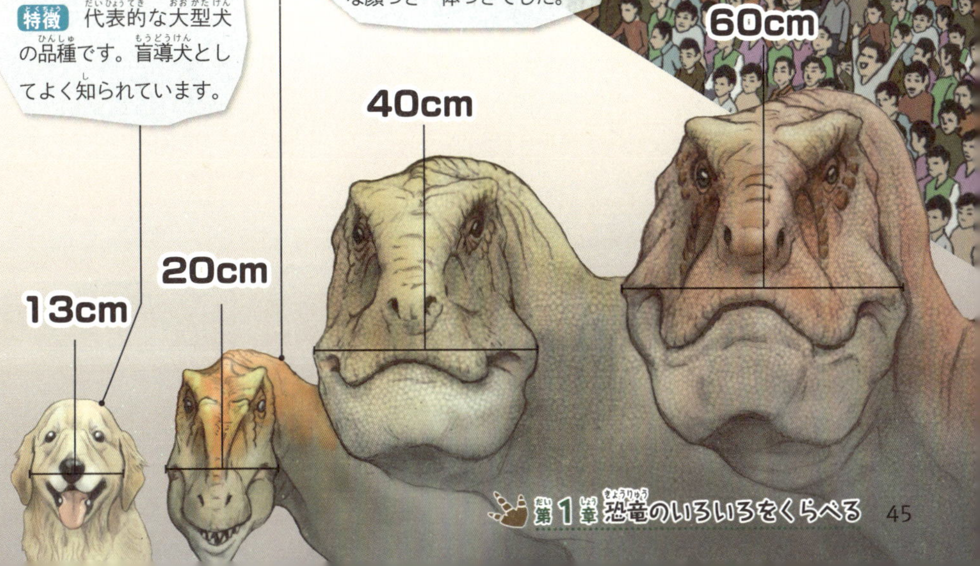

60cm

40cm

20cm

13cm

くらべてみよう

かむ力

肉食恐竜の「強さ」を推し量る一つの材料となるのが、あごで「かむ力」です。獲物をとらえたとき、その獲物をいち早く仕留める……そんな「かむ力」が大切です。絶滅した恐竜であっても、その頭の骨と筋肉をコンピューターの中で再現し、いったいどのくらいの「かむ力」だったのかを推測できます。ここでは、その力を「N」という単位で表しています。

アロサウルス

Allosaurus

化石産地　アメリカ

生きていた時代　ジュラ紀後期

特徴　全長8.5mのすらりとした肉食恐竜。獲物の骨をかみ砕くというよりは、肉を切り裂くような食べ方をしていたようです。

アメリカアリゲーター

Alligator mississippiensis

特徴　全長6mに達するワニです。貝から小型ほ乳類まで、いろいろな獲物を食べます。

参考文献 Bates and Falkingham (2011)

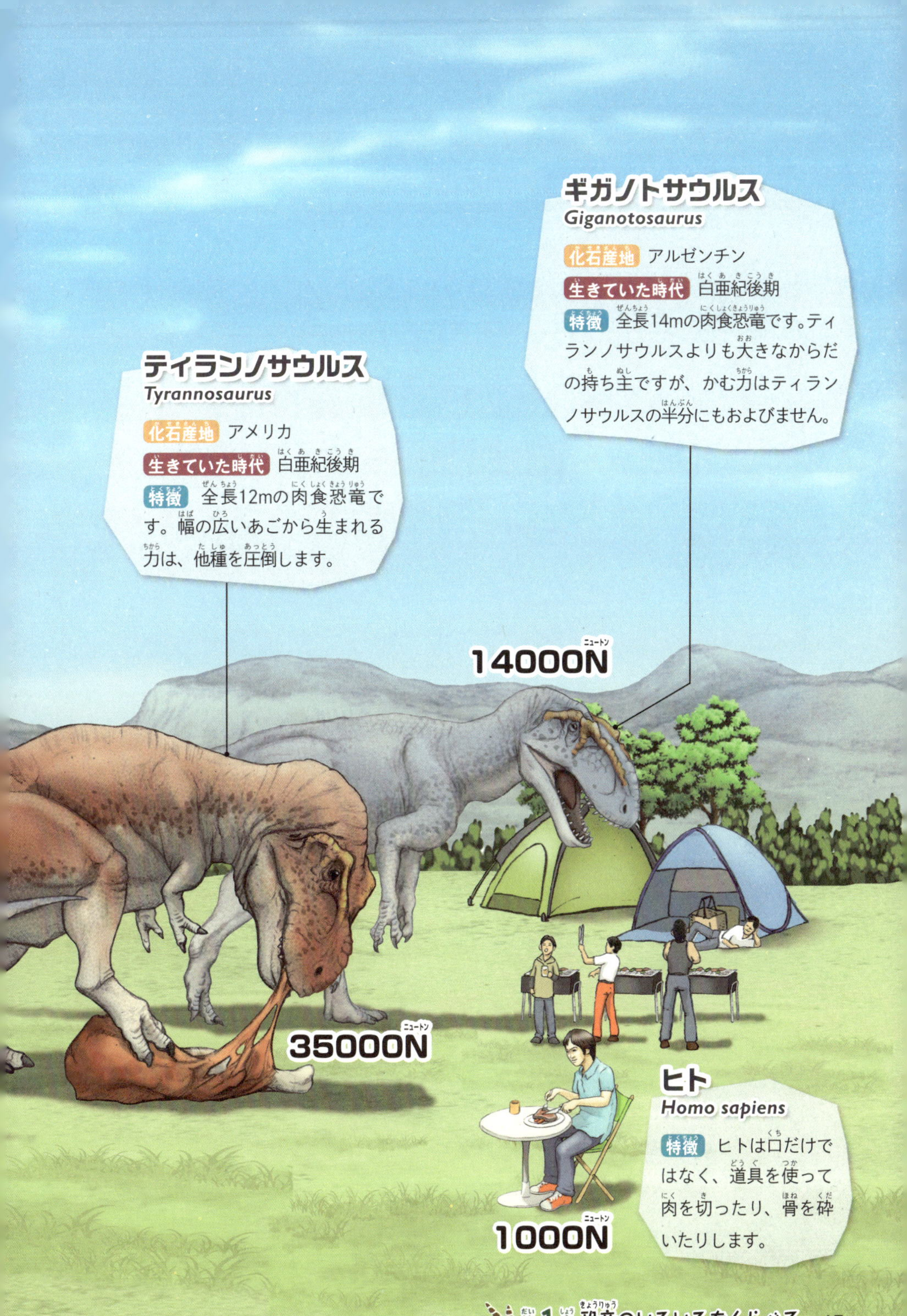

ギガノトサウルス
Giganotosaurus

化石産地 アルゼンチン

生きていた時代 白亜紀後期

特徴 全長14mの肉食恐竜です。ティラノサウルスよりも大きなからだの持ち主ですが、かむ力はティラノサウルスの半分にもおよびません。

ティラノサウルス
Tyrannosaurus

化石産地 アメリカ

生きていた時代 白亜紀後期

特徴 全長12mの肉食恐竜です。幅の広いあごから生まれる力は、他種を圧倒します。

14000N

35000N

ヒト
Homo sapiens

特徴 ヒトは口だけではなく、道具を使って肉を切ったり、骨を砕いたりします。

1000N

くらべてみよう

歯の性能

スピノサウルス
Spinosaurus

スピノサウルスの歯の形

化石産地　エジプト、モロッコ

生きていた時代　白亜紀後期

特徴　肉食恐竜の一種で、円錐形の歯をもっていました。魚を突き刺してとらえることに使っていたとみられています。

エドモントサウルス
Edmontosaurus

エドモントサウルスの歯の形

化石産地　カナダ、アメリカ

生きていた時代　白亜紀後期

特徴　パラサウロロフスたちの仲間です。植物をすりつぶす歯をたくさんもっていて、すりつぶれた歯は、次々と生え変わっていきました。

突き刺す歯

ネコ
Felis catus

特徴　ネコの歯は肉を切ることに特化しています。

すりつぶす歯

切る歯

「歯」は、動物が何をどのように食べていたのかを知る重要な手がかりです。とくに絶滅している恐竜のような動物は、直接食事シーンを観察することができないので、歯の形から推理することが多くなります。前ページで紹介した肉食恐竜の歯は、厚みのちがいはあっても、ナイフのような形をしています。では、恐竜の歯には、ほかにどのような形があったのでしょうか？

いろいろな歯

すきとる歯

カマラサウルスの歯の形

カマラサウルス
Camarasaurus

化石産地 アメリカ

生きていた時代 ジュラ紀後期

特徴 竜脚類の一種です。先端がスプーンのように広がった歯をもち、樹木の葉をすきとることに使っていました。竜脚類には、ほかに、鉛筆状の歯をもつものもいます。使い方はほぼ同じです。

ヒト
Homo sapiens

特徴 ヒトだけではなく、多くのほ乳類には、切歯(門歯)、犬歯、臼歯といった役割の異なる歯があります。

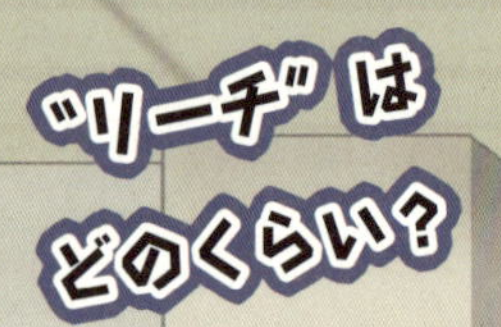

くらべてみよう

腕の長さ

テリジノサウルス
Therizinosaurus

化石産地 モンゴル

生きていた時代 白亜紀後期

特徴 でっぷりとした植物食性の獣脚類です。長い腕の先には、長さ70cm以上の爪をそなえていました。

アロサウルス
Allosaurus

化石産地 アメリカ 生きていた時代 ジュラ紀後期

特徴 肉食性の獣脚類です。長い腕の先端には、長さ20cmにおよぶ大きなかぎ爪がありました。

デイノケイルス
Deinocheirus

化石産地 モンゴル

生きていた時代 白亜紀後期

特徴 雑食性の獣脚類です。そもそもこの恐竜は、長い間、腕と肩の化石しか知られていませんでした。

リムサウルス
Limusaurus

化石産地 中国

生きていた時代 ジュラ紀後期

特徴 植物食性の小型獣脚類です。全長2mというからだを考えると、「腕が短い」とはいわないかもしれません。ただし、手の親指が極端に短い、という特徴があります。

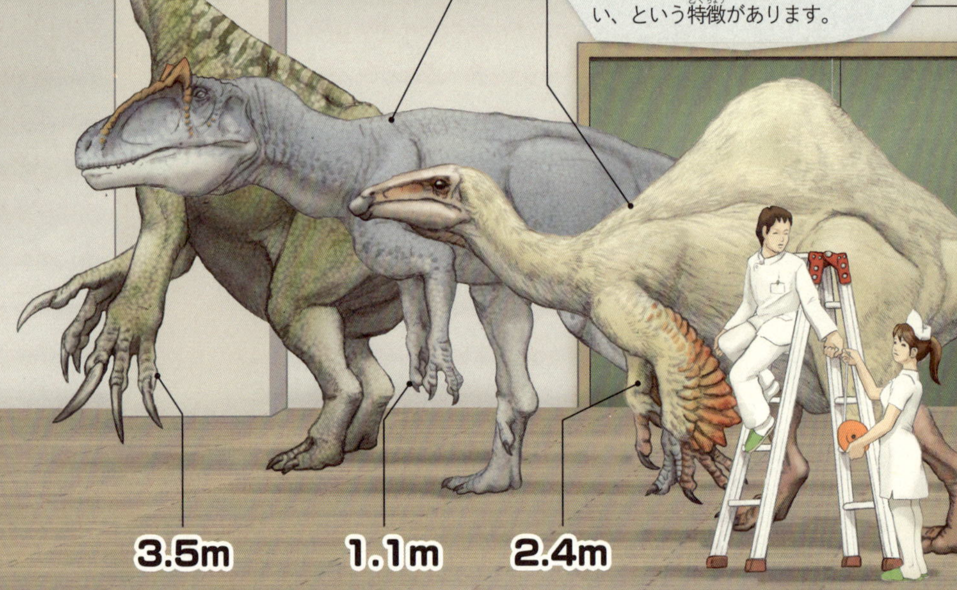

すべての肉食恐竜が分類されるグループを「獣脚類※」といいます(獣脚類すべてが肉食性というわけではありません)。獣脚類に属するほとんどの恐竜は二足歩行をしていました。そうした恐竜の前脚、すなわち腕と手は、種によって大きなちがいがあります。長い腕に長い爪をもった種や、何に使っていたのかわからないくらい小さな腕の種などさまざまです。ここでは、そんな獣脚類の腕についてくらべてみましょう。

ティランノサウルス
Tyrannosaurus

化石産地 アメリカ

生きていた時代 白亜紀後期

特徴 全長12mの肉食恐竜ながら、腕は細く短いという特徴があります。手の指は2本しかありませんでした。

カルノタウルス
Carnotaurus

化石産地 アルゼンチン

生きていた時代 白亜紀後期

特徴 肉食性の獣脚類です。全長7.5mという大きさがありながら、その腕の長さは全長2mのリムサウルスとほとんどかわりません。

ヒト
Homo sapiens

特徴 人によってはティランノサウルスよりも長い腕をもっています。

60cm

40cm

70cm

36cm

※獣脚類……恐竜類のグループの一つ。すべての肉食恐竜と一部の雑食恐竜、植物食恐竜をふくむ。原則、2足歩行の恐竜が多い。鳥類は獣脚類の中の一つのグループ。

ガリミムス
Gallimimus

化石産地 モンゴル

生きていた時代 白亜紀後期

特徴 全長6mほど。現在のダチョウに似た姿をもつ恐竜です。歯をもたず、植物をついばんで食べていたようです。

ステゴサウルス
Stegosaurus

化石産地 アメリカ

生きていた時代 ジュラ紀後期

特徴 剣竜類の代表種です。頭のサイズはあまり大きくありませんが、たくさんの小さな歯をもっていました。背の低い植物をすきとるように食べていたとみられています。

バリオニクス
Baryonyx

化石産地 イギリス、ニジェール

生きていた時代 白亜紀前期

特徴 全長7.5mほどの肉食恐竜です。主食は魚とみられています。ヒトと同じ本数の円錐形の歯をもっていました。

0本

32本

コエロフィシス
Coelophysis

化石産地 アメリカ

生きていた時代 三畳紀後期

特徴 全長3mほどの小型の肉食恐竜です。主に昆虫や小さなは虫類を食べていたとみられています。小さくて鋭い歯をたくさんもっていました。

歯は生きていくうえでとても大切です。歯がなくなると、ものをかむこともすり潰すこともできません。わたしたちヒトは、大人になると上下あわせて32本の歯をもつようになります。

恐竜の中には、進化の結果として歯がなくなった種や、予備の歯をふくめると100本以上の歯をもっていた種がいました。ここでは「歯の数」に注目して、恐竜たちをくらべてみましょう。

ハドロサウルス
Hadrosaurus

化石産地　アメリカ

生きていた時代　白亜紀後期

特徴　全長7mの植物食恐竜です。とてもたくさんの歯をもっていますが、そのすべてを使っていたわけではありません。ほとんどの歯は、使用中の歯の下で使われる順番を待っている予備の歯です。

100本以上

アフリカゾウ
Loxodonta africana

特徴　ゾウは上下左右に1本ずつ合計4本の大きな臼歯と、2本の長い牙をもちます。

6本

96本

ヒト
Homo sapiens

特徴　ヒトは、「切歯」「犬歯」「臼歯」といった役割の異なる歯を上下左右に合計最大32本もちます。

32本

カミツキガメ
Chelydra serpentina

特徴　魚やカエルなどを食べるカメです。カメの仲間には歯がありません。

0本

君は恐竜から逃げられるか？

くらべてみよう
走る

ディプロドクス
Diplodocus

化石産地 アメリカ

生きていた時代 ジュラ紀後期

特徴 全長25m、体重12tの大型の植物食恐竜です。少なくとも成体になったら重すぎて走ることはできませんでした。

コリトサウルス
Corythosaurus

化石産地 カナダ

生きていた時代 白亜紀後期

特徴 全長8m。トサカをもった植物食恐竜です。二足歩行もできたようですが、四足の方が速かったとみられています。

時速20km

ティラノサウルス
Tyrannosaurus

化石産地 アメリカ

生きていた時代 白亜紀後期

特徴 最強の肉食恐竜です。この恐竜からは絶対に逃げ切らなくてはいけません。でも、そんなに速くない？

時速20km

もしも、恐竜たちと徒競走をすることになったら、あなたは勝てますか？　平和的な競争だったらよいのですが、相手がお腹をすかせた肉食恐竜だったら「走って逃げることができるかどうか」は命に関わる問題となります。追いつかれたら最後、食べられてしまいます。「走る速さ」は、もしもの世界では大問題。日頃からチェックしておきましょう。

時速20km

参考文献『小学館の図鑑 NEO 新版 恐竜』など

トリケラトプス
Triceratops

化石産地 アメリカ

生きていた時代 白亜紀後期

特徴 9tもの重さですが、意外と足は速かったのかもしれません。ただし、走るのが苦手だったという指摘もあります。

時速12km

時速26km

時速58km

デイノニクス
Deinonychus

化石産地 アメリカ

生きていた時代 白亜紀前期

特徴 素早い動きに関しては、小型肉食恐竜の得意分野。迅速に獲物を追いつめます。

ガリミムス
Gallimimus

化石産地 モンゴル

生きていた時代 白亜紀後期

特徴 快足で知られる「オルニトミモサウルス類」の一種です。オルニトミモサウルス類の中でも、ガリミムスはとくに足が速かったようです。

時速39km

時速45km

時速70km

ヒト
Homo sapiens

特徴 トレーニングを積んだ人ならば、ティラノサウルスからも逃げられる？

アカカンガルー
Macropus rufus

特徴 ジャンプしながら、すごい速さで移動します。

オオカミ（タイリクオオカミ）
Canis lupus

特徴 20分にわたって、最高速度で走り続けることができます。

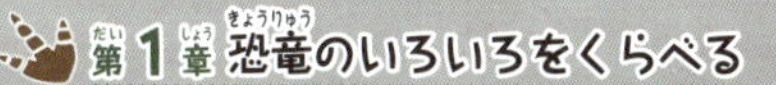

恐竜の走る速さ

恐竜の走る速さはどのくらいだったのでしょうか？　実は、その速度を求めることは簡単ではありません。それというのも、すでに絶滅してしまった動物は直接観察することができないからです。では、どのようにすれば、絶滅した恐竜たちの走る速さを知ることができるのでしょうか？

その手がかりは、足跡の化石にあります。足跡の大きさと足跡の間隔から、その恐竜がどのくらいの長さの足をもっていて、どのくらいの速さで移動していたのかがわかるのです。また、コンピューターを使って生きていたときの脚の筋肉などを復元し、現在の動物たちと比較することで速度を計算するという方法もあります。

一般的には脚が長く、体重が軽い動物ほど速度が出るとみられています。恐竜の世界では、すべての肉食恐竜が属する「獣脚類」の恐竜たちに脚が速いものが多かったようです。

小型獣脚類の足跡の化石

（コンプソグナトゥス、ディノニクスなど）

大型獣脚類

（ティラノサウルス、アロサウルスなど）

アンキロサウルスの足跡の化石

写真提供：富山市科学博物館

必要なのは、瞬間的な速さだ！

くらべてみよう

短距離走

肉食恐竜たちから逃げるには、実は、単純に「足が速い」だけではダメなのです。たしかに足が速ければ、肉食恐竜の姿を発見してすぐに逃げ始めれば、追いつかれる前に安全な場所に逃げこめるかもしれません。しかし、もしも肉食恐竜が物陰に潜んでいるなどして、その接近に気づくのが遅れてしまったら……。多くの捕食者たちは、瞬間的にはとても速く走ることができたとみられています。

ヒト
Homo sapiens

特徴 短距離走では、ティラノサウルスから逃げられそうもありません。

秒速10m

秒速17m

チーター
Acinonyx jubatus

特徴 数十秒であれば、ものすごく速く走れます。

秒速17m以上

ティラノサウルス
Tyrannosaurus

化石産地 アメリカ

生きていた時代 白亜紀後期

特徴 エドモントサウルスを襲えたということから、ティラノサウルスは短時間であれば、かなり足が速かった可能性があります。

エドモントサウルス
Edmontosaurus

化石産地 カナダ、アメリカ

生きていた時代 白亜紀後期

特徴 白亜紀後期のアメリカで大繁栄した植物食恐竜。ティラノサウルスの主な獲物の一つでした。長距離走が得意だったようです。

秒速31m

参考文献『Dinosaur Paleobiology』など

くらべてみよう

集団の規模

アルバートサウルス
Albertosaurus

化石産地 カナダ

生きていた時代 白亜紀後期

特徴 成体では、全長8mになる獣脚類です。肉食性で、ティラノサウルスの仲間に分類されます。幼体から成体まで、さまざまな年齢の個体で群れをつくっていたという説があります。

9頭前後

プロトケラトプス（幼体）
Protoceratops

化石産地 モンゴル

生きていた時代 白亜紀後期

特徴 成長すると、全長2.5mくらいになる角竜類の一種です。少なくとも幼体のころは、群れをつくって生活していたようです。

15頭前後？

自然界では、多くの動物が群れをつくってくらしています。襲う側(肉食動物)にとっては、群れをつくることで、獲物を効率的に追いつめることができます。襲われる側(植物食動物)にとっては、群れをつくることで見張り役が多くなり、また、襲われても群れの中の1～2頭だけが犠牲になるので、群れ全体としては生き残る可能性が高くなります。

オグロヌー
Connochaetes taurinus

特徴 アフリカの大地を大群で移動する植物食のほ乳類です。

イグアノドン
Iguanodon

化石産地 イギリス、ベルギー、ドイツなど
生きていた時代 白亜紀前期
特徴 全長８mの植物食恐竜です。ベルギーでは、集団の化石が発見されています。

マイアサウラ
Maiasaura

化石産地 アメリカ
生きていた時代 白亜紀後期
特徴 全長7mの植物食恐竜で、イグアノドンなどと同じグループ(鳥脚類)に分類されます。「子育て」をしていた恐竜としてよく知られています。

ほかの多くのは虫類と同じように、恐竜も卵を産みます。現在の動物をみても、1回に産む卵の数は種によって大きくちがいます。たとえば、アオウミガメは、多いときは160個以上の卵を産みます。一方、コウテイペンギンは、基本的に1個しか産みません。では、恐竜は、いったいどのくらいの数の卵を産んでいたのでしょうか?

トロオドン
Troodon

化石産地 アメリカ
生きていた時代 白亜紀後期
特徴 全長2.5mの小型の獣脚類です。「最も賢い恐竜」としてもよく知られています。抱卵をしていたかもしれません。

24個

186個

アオウミガメ
Chelonia mydas

特徴 砂浜に穴を掘って卵を産みます。親は卵や子の世話をしません。

30個

オヴィラプトル
Oviraptor

化石産地 モンゴル **生きていた時代** 白亜紀後期
特徴 全長1.6mほどの小型の獣脚類で、小さなトサカと歯のない口が特徴です。抱卵をしていたとみられています。

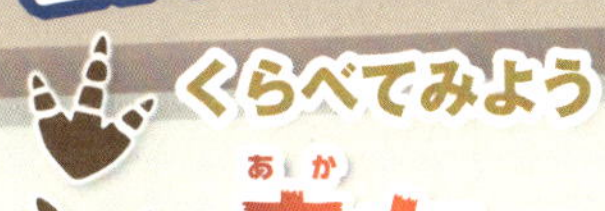

巨大な恐竜も生まれたときは……

くらべてみよう 赤ちゃんの大きさ

現在の陸上で最も大きな動物のアフリカゾウは、生まれたときから1m以上の大きさがあります。一部の恐竜は、アフリカゾウよりもずっと大きなサイズに成長しました。植物食恐竜の中には、30m以上まで成長する巨大な種もいました。そんな大きな恐竜たちは、生まれたときから大きかったのでしょうか？　どうも恐竜の場合は、ほ乳類とは事情が異なるようです。

49cm前後

ヒト
Homo sapiens

特徴 日本人の赤ちゃんの平均的な大きさはだいたい49cm前後で、3～4年でおよそ倍にまで成長します。

1m強

アフリカゾウ
Loxodonta africana

特徴 ほ乳類は、母親の胎内である程度の大きさまで育ててから産みます。

35cm

ラペトサウルス
Rapetosaurus

化石産地 マダガスカル

生きていた時代 白亜紀後期

特徴 成長すると、15mの大きさになる竜脚類です。最近の研究で、生後39～77日の赤ちゃんの化石が発見され、その大きさが35cmほどだったことがわかりました。

15cm

マッソスポンディルス
Massospondylus

化石産地 南アフリカ、レソト、ジンバブエ

生きていた時代 ジュラ紀前期

特徴 成長すると全長4.3mほどになる植物食の恐竜です。生まれたてのときは、サッカーボールよりも小さいサイズでした。

くらべてみよう
夜行性？　昼行性？

は虫類である恐竜は外温性（変温性）のため涼しい夜は寝静まっていて、ほ乳類はそんな夜を中心に活動していました。これは、現在でも定説となっている恐竜時代の世界です。しかし、近年の研究によって、すべての恐竜が夜になると眠っていたわけではないことがわかってきました。夜は、ほ乳類にとって、完全に安全というわけではなかったのです。

フクロウ
Strix uralensis

特徴　暗闇でも遠くまで見ることのできる大きな眼と優れた耳をもっています。

夜行性

ヴェロキラプトル
Velociraptor

化石産地　モンゴル、中国

生きていた時代　白亜紀後期

特徴　全長2.5mの小型肉食恐竜です。夜の暗闇で動くことを得意としたとみられています。

夜行性

ジュラヴェナトル
Juravenator

化石産地　ドイツ

生きていた時代　ジュラ紀後期

特徴　全長75cmほどの恐竜ですが、この大きさは幼体の大きさとみられています。成体の大きさはわかりません。夜でも十分まわりが見えたとみられています。

夜行性

参考文献 Schmitz and Motani (2011)

ヤマコウモリ
Nyctalus aviator

特徴 鼻から超音波を出して周囲を探り、暗闇でも空中を飛び回ることができます。

夜行性

ネメグトサウルス
Nemegtosaurus

化石産地 モンゴル

生きていた時代 白亜紀後期

特徴 竜脚類の一種で、全長は13m以上あったとみられています。完全な昼間でも、完全な夜間でもなく、夜明けや日暮れなどを好んで活動していたようです。

薄明かりを好む

夜行性

イリオモテヤマネコ
Prionailurus bengalensis iriomotensis

特徴 闇に紛れてそっと獲物に近づいて狩る、というハンティングが得意です。

その恐竜、何色ですか？

くらべてみよう 色

シノサウロプテリクス
Sinosauropteryx

化石産地 中国

生きていた時代 白亜紀前期

特徴 全長1.3m。最初に報告された羽毛恐竜です。尾にはオレンジ色の羽毛が生え、しま模様がありました。

インドクジャク
Pavo cristatus

特徴 目玉模様のついた尾羽を広げて求愛をします。

縞模様の尾

目玉模様

赤色のトサカ

色を変える

パンサーカメレオン
Furcifer pardalis

特徴 周囲の景色にあわせて、皮膚の色を変化させます。

アンキオルニス
Anchiornis

化石産地 中国

生きていた時代 ジュラ紀後期

特徴 全長40cmの羽毛恐竜。赤色のトサカ、頬にも赤色の斑点、そして黒色に縁取りされた白い羽根をもっていました。

現在の動物たちは、さまざまな色や模様をもっています。白黒のしま模様が特徴のシマウマ、全身に黒い斑点をもつチーター、眼のまわりや耳など特定の場所だけが黒いパンダなど……。では、絶滅した恐竜は、いったい何色だったのでしょう？

恐竜の色

この本には、さまざまな色の恐竜たちが登場しています。こうした恐竜たちの色は、科学的に正しいのでしょうか？　答えは「わかりません」です。ほとんどの恐竜の色は、本当は何色だったのかはわかっていません。これは、この本に限らず、すべての復元にいえることです。

しかし、近年の研究で色がわかる可能性がみえてきました。一部の羽毛恐竜の羽毛には、色素を生みだすつくりが残っていたのです。色（色素）そのものは、化石に残っていないのですが、このつくりを調べて、現生の鳥類などと比較することで、そのつくりが何色を生みだしていたのかがわかるようになりました。その結果、まだほんの数種類ですが、恐竜の色を科学的に推測できるようになったのです。

アーケオプテリクス
Archaeopteryx

化石産地　ドイツ

生きていた時代　ジュラ紀後期

特徴　全長50cm。「始祖鳥」とよばれる羽毛恐竜です。翼は外側が黒色、内側は明るい色だったようです。

サバンナシマウマ
Equus quagga

特徴　しまの数は、個体によって異なります。

名前がついたのはいつ？

くらべてみよう

命名時期

イグアノドン
Iguanodon

化石産地 イギリス、ベルギー、ドイツなど

生きていた時代 白亜紀前期

特徴 全長８ｍの植物食恐竜です。最初の誤った復元では、親指の骨が頭についていました。２番目に名前がついた恐竜ですが、この段階でもまだ「恐竜」という言葉はありません。

1824年

1825年

メガロサウルス
Megalosaurus

化石産地 イギリス

生きていた時代 ジュラ紀中期

特徴 全長６ｍの中型の肉食恐竜です。最初に名前がついた恐竜ですが、当時はまだ「恐竜」という言葉はありませんでした。四足歩行の怪獣のように復元されました。

生きている種、絶滅した種を問わず、すべての生物の種には、「種名（学名）」という名前がついています。「生物の種に、世界共通の学名をつけよう」と提唱したのは、18世紀のスウェーデンの研究者、リンネです。その後、19世紀はじめのイギリスで、“恐竜の化石”に初めて学名がつきました。もっとも、そのころは「恐竜」という言葉はなく、「かわったは虫類」というくらいの認識でした。

ヒラエオサウルス
Hylaeosaurus

化石産地 イギリス

生きていた時代 白亜紀前期

特徴 全長５mの鎧竜類です。メガロサウルス、イグアノドン、ヒラエオサウルスの３種をまとめて「恐竜類」という言葉がつくられました。

ティラノサウルス
Tyrannosaurus

化石産地 アメリカ、カナダ

生きていた時代 白亜紀後期

特徴 全長12m。大型の肉食恐竜です。有名な恐竜ですが、20世紀になって初めて名前がつきました。19世紀までの人々は、「ティラノ」を知らなかったのです。

ヒト
Homo sapiens

特徴 ヒトは最初に学名がついた生物の中の一種です。

とんでもなく短い名前も！

くらべてみよう

名前の文字数

恐竜に限らず、生物には「種名」があります。学名ともいいます。種名は「属名」と「種小名」という二つの単語で書きます。アルファベットで斜体かアンダーラインつきで書く決まりになっています。たとえば、有名な肉食恐竜のティランノサウルスは、「*Tyrannosaurus rex*」あるいは「Tyrannosaurus rex」というように、16文字のアルファベットからできた二つの単語でつづります。ここでは、いくつかの恐竜における種名の文字数に注目してみました。

14文字
Nipponia nippon
1 2 3 4 5 6 7 8　9 10 11 12 13 14

トキ
特徴　属名と種小名の両方が、日本（ニッポン）に由来します。

11文字
Homo sapiens
1 2 3 4　5 6 7 8 9 10 11

ヒト
特徴　「*Homo*」は「人間」、「*sapiens*」は「賢い」という意味です。

7文字
Mei long
1 2 3　4 5 6 7

17文字
Minmi paravertebra
1 2 3 4 5　6 7 8 9 10 11 12 13 14 15 16 17

4文字
Yi qi
1 2　3 4

ミンミ
化石産地　オーストラリア
生きていた時代　白亜紀前期
特徴　鎧竜類の一種です。「*Minmi*」は発見場所近くの交差点の名前に、「*paravertebra*」は発見された骨の名称に由来します。カタカナで書く属名では3文字ですが、正式に書くと17字にもなります。

イー
化石産地　中国
生きていた時代　ジュラ紀中期もしくは後期
特徴　皮でできた翼をもつ恐竜で、「*Yi*」は「翼」、「*qi*」は「奇妙」という意味の中国語に由来します。最も種名の短い恐竜です。

メイ
化石産地　中国　生きていた時代　白亜紀前期
特徴　まるで鳥のように眠っている姿勢で化石が発見されました。名前の「*Mei*」は「熟睡」、「*long*」は「竜」という意味の中国語に由来します。

恐竜の名前

68ページで紹介しているように、種名(学名)には意味があります。こうした名前は、「記載論文」とよばれる論文を書く研究者が決めています。

化石を発見すると、まずはこれまでの記載論文を調べて、その化石と同じものがないかどうかを探します。どんなに探しても同じものがない場合、新種の可能性が出てきます。その分野にくわしい研究者に連絡をとって相談したり、大学や博物館を訪ねてこれまでに発見されている化石と見くらべます。

そうして調べた結果、「新種だ！」と確信したら、新たな記載論文を書きます。記載論文は、その化石の特徴を細かく書き、新種と考える理由がわかるようにします。その論文の中で種名(学名)をつけます。種名は、「その生物の特徴を表すこと」「語呂がよいこと」「自分の名前はつけない」などが望ましいとされています。

そうして書かれた論文は、専門家の審査を経て発表されます。この段階で正式に種名がつくことになります。ただし、研究が進んで「実はこれまでの種と同じだった」とわかれば、新しいほう(あとにつけた方)が抹消されます。

◀恐竜の学名でよく使われる言葉とその意味▶

言葉	読み方	意味	恐竜の名前例
arcaheo	アルカエオ	太古の	アルカエオプテリクス(*Archaeopteryx*)
odon	オドン	歯	イグアノドン(*Iguanodon*)
eo	エオ	暁の	エオラプトル(*Eoraptor*)
lopho	ロフォ	トサカ	サウロロフス(*Saurolophus*)
neo	ネオ	新しい	ネオヴェナトル(*Neovenator*)
para	パラ	似ている	パラサウロロフス(*Parasaurolophus*)
rex	レックス	王	ティランノサウルス・レックス(*Tyrannosaurus rex*)
saurus	サウルス	は虫類、トカゲ	アロサウルス(*Allosaurus*)
sino	シノ	中国	シノサウロプテリクス(*Sinosauropteryx*)
tri	トリ	3つの	トリケラトプス(*Triceratops*)

ティランノサウルス
Tyrannosaurus

エオラプトル
Eoraptor

ヨーロッパ最終予選決勝 (→p.82)

トルヴォサウルス VS バリオニクス

アジア最終予選決勝 (→p.72)

タルボサウルス VS ヤンチュアノサウルス

アフリカ最終予選決勝 (→p.74)

カルカロドントサウルス VS スピノサウルス

番外編 (→p.86)

ティラノサウルス VS アフリカゾウ

もしも、世界各地のさまざまな時代の恐竜たちを1対1で戦わせたとしたら、強い恐竜はいったいどの種でしょう？　ここでは、そんな「もしも」の戦いを再現しました。

化石がみつかっている地域ごとの「予選」と、その予選から勝ち上がり、世界王者を決める「決勝戦」。はたして、最強の恐竜は？

恐竜たちの強さをくらべてみましょう。

北アメリカ最終予選決勝 (→p.80)

ティラノサウルス VS アロサウルス

本戦決勝 (→p.84)

ティラノサウルス VS ギガノトサウルス

南アメリカ最終予選決勝 (→p.78)

ギガノトサウルス VS マプサウルス

オセアニア・南極大陸最終予選決勝 (→p.76)

アウストラロヴェナトル VS クリオロフォサウルス

タルボサウルス VS ヤンチュアノサウルス

獲物を切り裂く
細いあごには、ナイフのような歯が並びます。

タルボサウルス
Tarbosaurus

化石産地 モンゴル、中国
生きていた時代 白亜紀後期
特徴 全長 9.5m。北アメリカのティランノサウルスによく似た肉食恐竜。幅広いあごは、獲物を骨ごと噛み砕きます。

アジア最強を決める戦い。予選を勝ちのぼってきたのは、モンゴルの白亜紀代表、タルボサウルスと、中国のジュラ紀代表、ヤンチュアノサウルスです。身軽なヤンチュアノサウルスがまず仕掛けました。タルボサウルスの側面にまわり、無防備な腹部を急襲。しかし、タルボサウルスはなんなく交わすと、ヤンチュアノサウルスの腰にかぶりつき、そのまま粉砕。タルボサウルスが勝利しました。

カルカロドントサウルス

Carcharodontosaurus

化石産地 エジプト、モンゴル

生きていた時代 白亜紀後期

特徴 全長12m。ティラノサウルス級の大型肉食恐竜です。現生のホホジロザメに似た鋭い歯をもちます。

アフリカ最強を決める戦いは、ともにエジプトの恐竜となりました。12mの巨体をもつカルカロドントサウルスと、その巨体をも上回る全長15mのスピノサウルスです。開始直後、スピノサウルスは自分の得意な戦場である水の中へと移動を試みます。しかし、その大きな帆にカルカロドントサウルスが体当たりをして押し倒し、カルカロドントサウルスが勝利しました。

獲物を切り裂く歯

ナイフのような、切れ味鋭い歯が並びます。

獲物に突き刺さる歯

円錐形の歯は、魚を突き刺すのに向いています。

スピノサウルス
Spinosaurus

化石産地 エジプト、モロッコ

生きていた時代 白亜紀後期

特徴 肉食恐竜としては最大種ですが、陸上で歩くよりも水中を泳ぐほうが得意だったようです。

恐竜ワールドカップ

オセアニア・南極大陸

最終予選決勝

アウストラロヴェナトル VS クリオロフォサウルス

アウストラロヴェナトル

Australovenator

化石産地 オーストラリア

生きていた時代 白亜紀前期

特徴 全長6m。オーストラリアに生息していたアロサウルスの仲間。体重500kgほどの細身の肉食恐竜です。

獲物を切り裂く歯

ナイフのような、切れ味鋭い歯が並びます。

オセアニア地域を勝ち上がってきたのは、オーストラリアのアウストラロヴェナトルと、南極大陸のクリオロフォサウルスです。ほぼ体格が似通った両者の戦いは、延長戦に突入。一進一退の攻防が続く中、夕方以降はクリオロフォサウルスが少しずつ優位になってきました。しかし、決着はつかず。判定にもちこされ、クリオロフォサウルスが世界大会へ進むことになりました。

クリオロフォサウルス
Cryolophosaurus

化石産地 南極大陸

生きていた時代 ジュラ紀前期

特徴 全長6m。横向きのトサカが目印の肉食恐竜。ジュラ紀前期の肉食恐竜としては大型でした。

夜でも活動？
南極大陸は、オーストラリアよりも高緯度です。そのため、日暮れが早く、うすぐらい中での活動に慣れていたかもしれません。

恐竜ワールドカップ

南アメリカ 最終予選決勝

ギガノトサウルス VS マプサウルス

南アメリカ地区の決勝戦は、ともにアルゼンチンの白亜紀後期の恐竜となりました。ギガノトサウルスとマプサウルスです。一歩も譲らぬ戦いの中、応援席にいる仲間をチラリと見るマプサウルス。ギガノトサウルスは、その一瞬の隙を見逃しませんでした。ごつごつした頭部で頭突き。バランスを崩して露になったマプサウルスののどに噛みついて、ギガノトサウルスが勝ちました。

マプサウルス
Mapusaurus

化石産地 アルゼンチン

生きていた時代 白亜紀後期

特徴 全長 11.5m の大型肉食恐竜です。通常の狩りは、集団で行っていたかもしれません。

鋭い歯
やや細いあごには、ナイフのような鋭い歯が並んでいます。

鋭い歯

やや小型であるものの、基本的な“強さ”はギガノトサウルスとあまりかわりません。

ギガノトサウルス
Giganotosaurus

化石産地 アルゼンチン

生きていた時代 白亜紀後期

特徴 全長13～14mの大型の肉食恐竜です。鼻の上から眼の上にかけての頭骨がゴツゴツとしたつくりになっていました。

ティラノサウルス VS アロサウルス

アロサウルス
Allosaurus

化石産地 アメリカ
生きていた時代 ジュラ紀後期
特徴 全長8.5m、体重1.7t。すらりとした細身の肉食恐竜です。獲物の肉を切り裂くようにして食べます。

相手を押さえこむ腕

長い腕は、獲物をおさえこむことができます。

激戦の北アメリカ地区を勝ち進んできたのは、ジュラ紀の王者アロサウルスと、白亜紀の帝王ティラノサウルスです。ジュラ紀の世界ではほかを圧倒する強さを見せたアロサウルスですが、ティラノサウルスを前にするとやや弱々しく見えてしまいます。それもそのはず、ティラノサウルスはアロサウルスよりも全長は3.5mも大きく、体重は4.3tも重いのです。睨み合いが長く続きましたが、アロサウルスは自分から退場。ティラノサウルスの完勝です。

抜群の破壊力を生むあご

かむ力は、アロサウルスの約6倍もありました。

ティラノサウルス

Tyrannosaurus

化石産地 アメリカ、カナダ

生きていた時代 白亜紀後期

特徴 全長12m、体重6t。がっしりとした体つきの肉食恐竜です。獲物の肉を骨ごと噛み砕きます。

恐竜ワールドカップ

ヨーロッパ 最終予選決勝

トルヴォサウルス VS バリオニクス

ヨーロッパ地区の決勝戦に勝ち進んできたのは、ポルトガルのジュラ紀後期のトルヴォサウルスと、イギリスの白亜紀前期のバリオニクスです。開始早々、トルヴォサウルスが積極的な攻撃に出ます。からだも小さく、普段は魚を食べているバリオニクスは防戦一方となりました。ほどなく、トルヴォサウルスがバリオニクスの首筋にかみつき、その肉を切り裂きました。トルヴォサウルスの圧勝です。

トルヴォサウルス
Torvosaurus

化石産地 ポルトガル、アメリカ

生きていた時代 ジュラ紀後期

特徴 少なくともポルトガルのトルヴォサウルスは全長 10m に達したとみられています。鋭い歯をもっていました。

大きな頭
ティラノサウルス級といわれる大きな頭が最大の武器です。
バリオニクス
Baryonyx
化石産地 イギリス、ニジェール
生きていた時代 白亜紀前期
特徴 イギリスのバリオニクスは全長7.5mほどの肉食恐竜です。魚食性だったとみられています。
鋭いかぎ爪
手には大きなかぎ爪がありました。

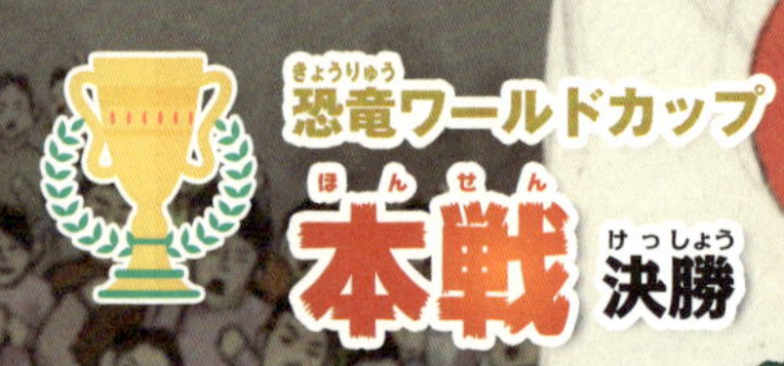

ティラノサウルス（北アメリカ代表）VS ギガノトサウルス（南アメリカ代表）

決勝戦は、北アメリカ地区のティラノサウルスと、南アメリカ地区のギガノトサウルスの戦いとなりました。先に動いたのは、ギガノトサウルス。ティラノサウルスのからだには、ナイフで切られたような傷が増えていきます。しかし、一瞬の隙をとらえて、ティラノサウルスが反撃。かみつきにきたギガノトサウルスの上あごをティラノサウルスが逆にかみついて粉砕。ティラノサウルスの勝利となりました。

ティラノサウルス
Tyrannosaurus

化石産地 アメリカ、カナダ
生きていた時代 白亜紀後期
特徴 全長12m、体重6t。がっしりとした体つきの肉食恐竜です。獲物の肉を骨ごとかみ砕きます。

抜群の破壊力を生むあご

かむ力は、ギガノトサウルスの約3倍もありました。

大きなからだ
ティラノサウルスを上回る巨体。
ギガノトサウルス
Giganotosaurus
化石産地 アルゼンチン
生きていた時代 白亜紀後期
特徴 全長 13～14m の大型の肉食恐竜です。鼻から眼にかけての頭骨がゴツゴツとしたつくりになっていました。

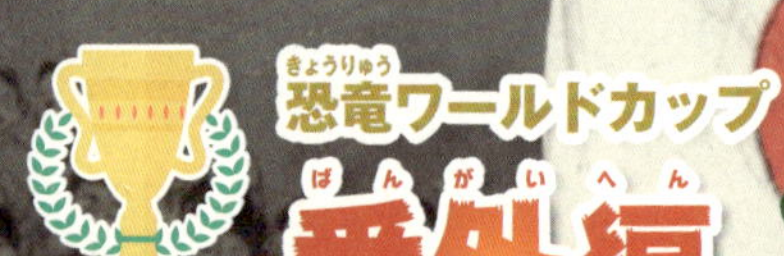

ティラノサウルス（恐竜代表）VS アフリカゾウ（野生動物代表）

恐竜ワールカップの覇者、ティラノサウルスの前に、現在の陸上で最も大きなほ乳類であるアフリカゾウがやってきました。アフリカゾウは、鳴き声をあげ、大きな耳を広げ、鼻を左右に大きく振ってティラノサウルスを威嚇します。しかし、自分よりも大きなティラノサウルスに積極的に襲いかかろうとはしません。一方のティラノサウルスも、見慣れぬ相手に腰が引けています。この試合は引き分けになりました。

ティラノサウルス
Tyrannosaurus

化石産地　アメリカ、カナダ
生きていた時代　白亜紀後期
特徴　全長 12m、体重 6 t。最強の肉食恐竜。

相手の様子を伺う頭脳
恐竜の中では、比較的知能が高い部類に入ります。

満員御礼
アフリカゾウ
Loxodonta africana
生息地域 アフリカ大陸
特徴 全長こそ7.5mとティラノサウルスよりも小さいですが、体重はティラノサウルスを上回ります。
さまざまな威嚇手段
大きな耳をはじめ、多くの威嚇手段をもつ。現実世界では、成獣のアフリカゾウは滅多に襲われないという。

重さの強さ

アルゼンチノサウルス
Argentinosaurus

化石産地 アルゼンチン

生きていた時代 白亜紀中期

特徴 ティラノサウルスの実に8倍以上の重さがありました。並大抵の狩人では、この恐竜を倒すのは難しかったでしょう。

恐竜ワールドカップの本戦では、主に「肉食恐竜」が「一頭」で勝負した場合、という条件のもとで「強さ」に注目しました。人間でいうならば、無差別級のボクシングや柔道などの「試合」です。

しかし自然界で「強さ」を決める条件は、もう少し複雑です。たとえば、恐竜ワールドカップの番外編のように、植物食動物であっても「重さ」のある動物は強さを発揮します。自然界では自分より重い獲物を襲うのは、狩人にとって危険なことなのです。重ければ、脚の一蹴り、尻尾の一振りでさえも武器になりますし、獲物が倒れたときに狩人が下敷きになってしまえば、狩人の命にも関わります。

また、「集団の強さ」もあります。一頭では弱くても、集団でチームプレーをすることで、自分よりも大きな相手を倒すこともできるのです。

第3章

古生物のいろいろをくらべる

絶滅した古生物は、恐竜だけではありません。眼に見えるサイズの化石が地層の中に残るようになったのは約6億年前。それから現在までの間に、陸と海にさまざまな動物たちが出現し、そして滅んでいきました。

ここでは、そうしたさまざまな古生物の中から、代表的な種について、現在の地球で生きている動物たちとくらべてみました。

飛距離をくらべる（→p.100）

大きさをくらべる (→p.92)

潜るをくらべる (→p.96)

…etc

くらべてみよう

イクチオステガ
Ichthyostega

化石産地 グリーンランド

生きていた時代 デボン紀後期

特徴 両生類の一種で、約３億7000万年前ごろに登場しました。最初の陸上動物の一つです。

アースロプレウラ
Arthropleura

化石産地 アメリカ、イギリス、ドイツなど

生きていた時代 石炭紀後期

特徴 約３億1000万年前ごろの植物食の節足動物です。当時の陸上世界で、一部の脊椎動物に匹敵するほどの大型の動物でした。

化石産地 アメリカ、ドイツ

生きていた時代 ペルム紀前期

特徴 約２億9000万年前ごろに登場した、単弓類（ほ乳類の祖先をふくむグループ）の一種です。当時の陸上生態系に君臨していました。

2m

1m

3.5m

地球の陸上に動物が初めて現れたのは、今から約４億8000万年前よりも昔のこと。それから現在にいたるまで、さまざまな動物が登場し、そして滅びてきました。ここでは、最初の陸上脊椎動物から現代のペットまで、いろいろな時代の動物たちを選びました。恐竜(ティラノサウルス)の登場まで、しだいに大きくなっていったその進化がわかるでしょう。

サウロスクス
Saurosuchus

化石産地 アルゼンチン、アメリカ
生きていた時代 三畳紀後期
特徴 約２億2800万年前ごろのは虫類で、クルロタルシ類とよばれるグループの一種です。大きな頭は、ティラノサウルスそっくりです。

5m

ライオン
Panthera leo

生息地域 アフリカ、インド
特徴 現在の肉食ほ乳類の代表ともいえる種です。生命の歴史を見ると、ほ乳類はあまり大きくありません。

3m

スミロドン
Smilodon populator

化石産地 アルゼンチン、ボリビア、ブラジルほか
生きていた時代 第四紀
特徴 約１万年前ぐらいまで生きていた「サーベルタイガー」の一種(ほ乳類)です。ほ乳類には、恐竜のような大きな陸上肉食種はいません。

2m

イヌ (ラブラドールレトリバー)
Canis familiaris

特徴 代表的な大型犬の品種です。盲導犬としてよく知られています。

0.8m

水の中で、どんどん大きくなる

くらべてみよう

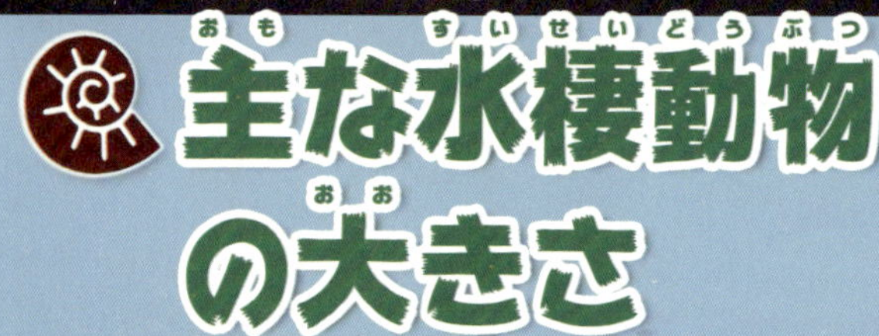

主な水棲動物の大きさ

ショニサウルス
Shonisaurus

化石産地　カナダ

生きていた時代　三畳紀後期

特徴　海に戻ったは虫類、魚竜類の一種です。21mというサイズは、魚竜類としては史上最大です。

21m

メガロドン
Charcharodon megalodon

化石産地　世界各地

生きていた時代　新第三紀

特徴　日本でも化石がみつかる史上最大級のサメです。謎が多く、大きさは最大で20mに達したという説もあります。

12m

ダンクレオステウス
Dunkleosteus

化石産地　アメリカ、モロッコほか

生きていた時代　デボン紀

特徴　骨でできた"鎧"で、頭と胸を覆っていました。古生代の魚類としては、知られている限り最大の魚です。

8m

アノマロカリス
Anomalocaris canadensis

化石産地　カナダ

生きていた時代　カンブリア紀

特徴　大きな触手と大きな眼をもった節足動物です。まわりの動物の多くが全長数cmという世界に君臨しました。

1m

地球の生命は海で誕生し、長い間、水中だけで進化を重ねてきました。一部の動物たちが陸へ出て行っても、水の中ではいろいろな動物たちが登場しては滅んでいきました。やがて陸から海に戻って進化する動物も現れ、なかには陸上動物以上の大きさになるものもいました。およそ時代を追うごとに大きな動物が現れるようになります。陸とちがって水の中では浮力が働くので、その力が体重を支えているのです。

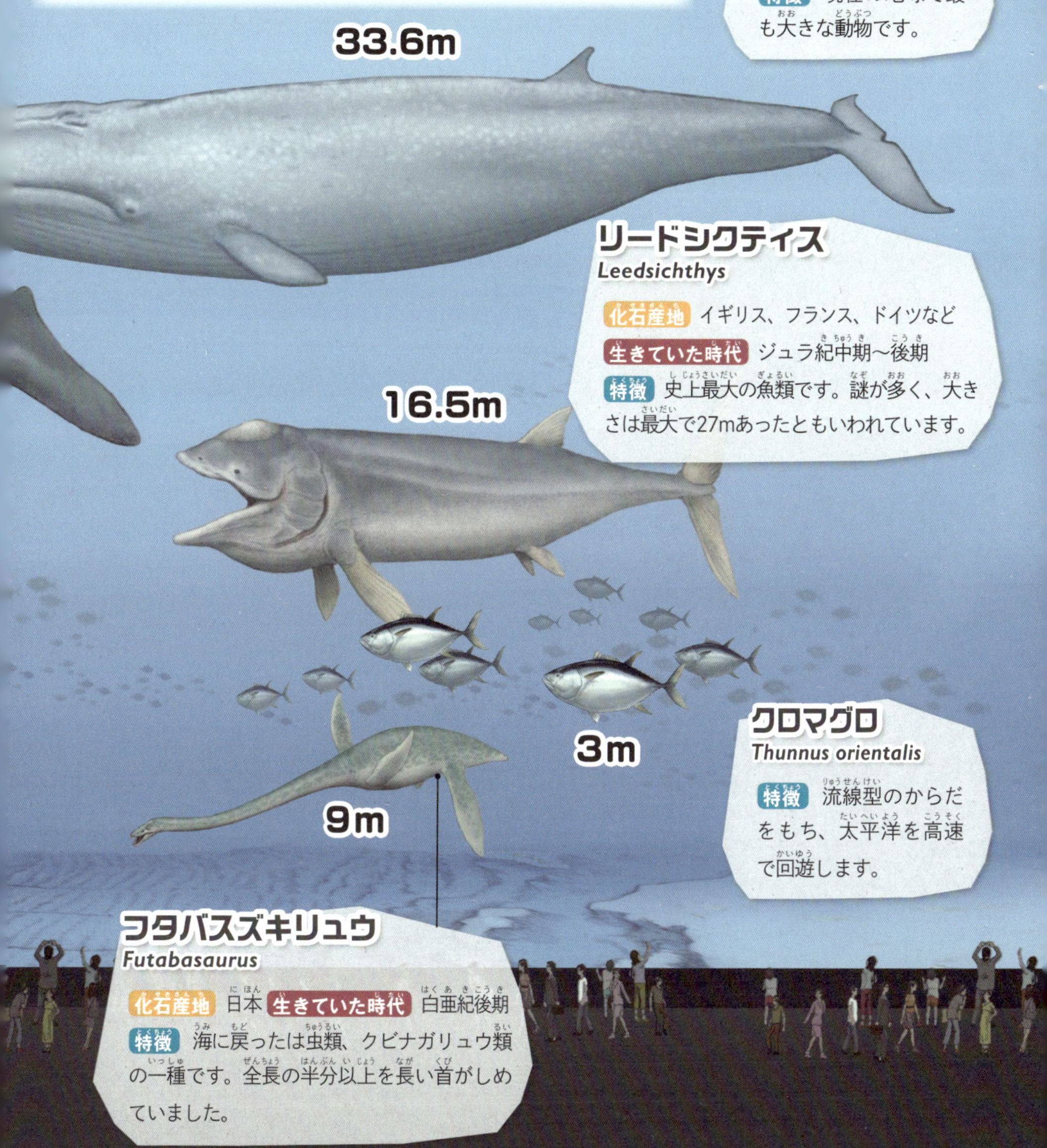

33.6m

シロナガスクジラ
Balaenoptera musculus

特徴 現在の地球で最も大きな動物です。

リードシクティス
Leedsichthys

化石産地 イギリス、フランス、ドイツなど
生きていた時代 ジュラ紀中期～後期
特徴 史上最大の魚類です。謎が多く、大きさは最大で27mあったともいわれています。

16.5m

3m

クロマグロ
Thunnus orientalis

特徴 流線型のからだをもち、太平洋を高速で回遊します。

9m

フタバスズキリュウ
Futabasaurus

化石産地 日本 生きていた時代 白亜紀後期
特徴 海に戻ったは虫類、クビナガリュウ類の一種です。全長の半分以上を長い首がしめていました。

海棲は虫類「魚竜類」の潜水能力

くらべてみよう

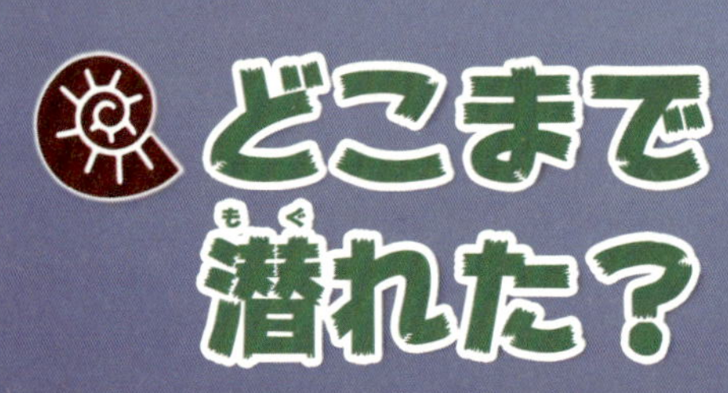

魚竜類は、中生代の最初の時代である三畳紀に登場した海棲は虫類の１グループです。進化するほど現在のイルカに似た形へと姿を変えていきます（こうした別のグループの動物が進化によって姿が似ることを「収斂進化」とよびます）。そんな魚竜類には、どれほどの「泳ぐ力」があったのでしょう？　ここでは代表的な２種の「潜る能力」に注目してみました。

潜水が得意

オフタルモサウルス
Ophthalmosaurus

化石産地 イギリス、フランス、アメリカなど

生きていた時代 ジュラ紀中期〜後期

特徴 全長４mほどの進化的な魚竜類。直径20cmをこえる大きな眼をもっており、光がほとんど届かない深海でもよくまわりが見えたようです。

もっとも深くまで潜る

潜水が苦手

ウタツサウルス
Utatsusaurus

化石産地 日本

生きていた時代 三畳紀前期

特徴 全長2mほどの原始的な魚竜類です。オフタルモサウルスとくらべると、からだが細長く、あまりイルカとは似ていません。浅い海でくらしていたようです。

深くまで潜る

ダイオウイカ
Architeuthis japonica

特徴 水深900mくらいの深海まで潜ることができます。

マッコウクジラ
Physeter macrocephalus

特徴 水深3000mくらいまで潜ることができます。

空を飛べるのは、どのくらいの大きさまで？

くらべてみよう

主な飛行動物の大きさ

ケツァルコアトルス
Quetzalcoatlus

化石産地 アメリカ

生きていた時代 白亜紀後期

特徴 最も大きな翼竜類の一種です。歯のない大きな頭が特徴です。

エウディモルフォドン
Eudimorphodon

化石産地 フランス、イタリア、スイスなど

生きていた時代 三畳紀後期

特徴 最も古い翼竜類の一種で、小さな頭と長い尾が特徴です。翼竜類は恐竜時代の空を支配していました。

コエルロサウラヴス
Coelurosauravus

化石産地 ドイツ、マダガスカル、イギリス

生きていた時代 ペルム紀後期

特徴 は虫類の一種です。左右のわきに折りたたみ可能な翼があり、その翼を広げて滑空していたようです。

海の中で生まれた生命は、やがて上陸して地上でもくらすようになり、そして空も飛ぶようになりました。「空を飛ぶ」ということは、地球の重力に逆らわなければいけません。そのため、動物の進化の歴史の中では、翅や翼を発達させたさまざまな種が登場しました。ここでは、そんな飛行動物たちをくらべてみましょう。

ワタリアホウドリ
Diomedea exulans

特徴 現在の世界で最も大きな鳥類です。翼を広げたときのその幅(翼開長)は、3mを超えました。

全長 1.2m

全長 90cm

ヴォラティコテリウム
Volaticotherium

化石産地 中国

生きていた時代 ジュラ紀中期？

特徴 最も古い「空飛ぶほ乳類」です。現生のモモンガのように飛膜を広げて滑空していました。

メガネウラ
Meganeura

化石産地 フランス

生きていた時代 石炭紀後期

特徴 現在のトンボによく似た「原トンボ類」というグループに属します。無脊椎動物の中では最大の空飛ぶ動物です。

翅開長 70cm

マメハチドリ
Mellisuga helenae

特徴 現在の世界で最も小さな鳥類です。体重はわずか2gしかありません。

全長 6cm

ハシブトガラス
Corvus macrorhynchos

特徴 大きくて太いクチバシをもち、おでこが出っ張っているカラスです。

全長 57cm

飛距離

オオソリハシシギ

Limosa lapponica

特徴 現生の鳥類です。休まずに飛んで太平洋を縦断することができます。

1万km以上無着陸？

絶滅した動物が、いったいどのくらいの距離を飛ぶことができたのか。その距離を知るのはとても難しいことです。化石がみつかった場所にもとから棲んでいたのか、それとも遠くから飛んできて、そこで死んだのかがわからないからです。それでも、陸から遠い海でできた地層で化石が発見されるニクトサウルスなどの一部の翼竜は、風をつかまえるのが上手で、沖合まで魚を獲りに行っていたとみられています。

ニクトサウルス

Nyctosaurus

化石産地 アメリカ、ブラジル

生きていた時代 白亜紀後期

特徴 翼開長2.9m、二股に分かれた長いトサカが特徴の翼竜です。陸から遠く離れた沖合まで飛ぶことができました。

遠くまで飛ぶ

くらべてみよう
飛距離
アーケオプテリクス
Archaeopteryx
化石産地 ドイツ
生きていた時代 ジュラ紀後期
特徴 「始祖鳥」とよばれる羽毛恐竜です。飛ぶのはあまり上手ではなかったようですが、それでも樹木から樹木へ滑空することはできたとみられています。
樹木から樹木へ
ラーメン亀吉
実は飛べない？
飛べない
そば
食堂
うどん・そば
ダチョウ
Struthio camelus
特徴 翼をもっていますが、飛ぶことはできません。

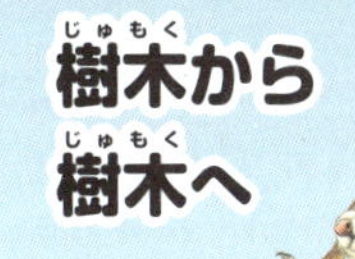

ムササビ

Petaurista leucogenys

特徴 樹木から樹木へと滑空します。最大で160mも飛ぶことができるようです。

樹木から樹木へ

ミクロラプトル

Microraptor

化石産地 中国

生きていた時代 白亜紀前期

特徴 全長90cmほどの、四肢に翼のある羽毛恐竜です。樹木から樹木へ滑空していたとみられています。

ケツァルコアトルス

Quetzalcoatlus

化石産地 アメリカ

生きていた時代 白亜紀後期

特徴 最大級の翼竜です。実は、ケツァルコアトルスのような大型の翼竜は、本当に飛べたのかどうかはよくわかっていません。

また会う日まで
恐竜の卵ってこの枕くらいかな
ワイワイ
もっと大きかったよ
恐竜の世界から戻ってきたみんな夜になり宿でも布団の上でも大さわぎ
小さいものもあったよね
ザワザワ

ケラト、いっしょにねよう！！

ぼっ
ズルイぞ竜太
ケラトをひとりじめ
するなんて!!
ぼくも
だっこしたい
ちょ、ちょっと

ガラッ
コラッ!!
何をさわいでる

今、何か布団に
かくしたな
見せてみろ
サッ
わわっ

バサッ
な、なんでも
ありません

なんだ。
何もないじゃないか…
まあいい
早くねなさい

ケラト……
また
消えちゃった……

せっかく
会えたのに……
竜太……

大丈夫だよ

ぼくたちが
「恐竜のことを知りたい」
って、気持ちがあれば
また会えるさ！！
………

そうだよね……
きっと
会えるよね……

ケラト～
またね～
海の宿
コラ～
まださわにいるのか～
ワーッ

おわりに

「恐竜時代」といわれる中生代の動物たちのなかには、巨大なものがたくさんいました。植物食恐竜が巨大であれば、それを襲う肉食恐竜も巨大。そんな世界の図鑑を開くと、ともすれば、わたしたちは日常のスケール感覚を失ってしまいそうです。また、そうした図鑑では、たとえば単純に「全長12m」などと数字で書きますが、それが実際にどのようなサイズだったのかは、数字だけではどうにもピンときませんでした。

そこで、本書です。本書はサイズだけではなく、さまざまな研究によってみえてきた恐竜たちの生態を、現在の動物たちなどとくらべてみました。こうして、よく知る動物などと比較することで、改めて恐竜たちの大きさや“すごさ”を実感していただければ、著者としてはうれしい限りです。ぜひ、さまざまな日常の場面でも、恐竜たちとの比較を思い浮かべ、そのスケール感を味わっていただければと思います。

群馬県立自然史博物館のみなさまには、今回もおいそがしい中にご協力を賜りまして本当に感謝申し上げます。ありがとうございます。

そして、何よりも本書を手にとっていただいた読者のみなさまに感謝を。「もしも」の世界で古生物に思いを馳せる。今回もそんなロマンを感じて頂ければ幸いです。

2016年11月

土屋 健

著者　土屋　健(つちや・けん)

サイエンスライター。オフィスジオパレオント代表。金沢大学大学院修了。修士(理学)。日本地質学会員。日本古生物学会員。科学雑誌の記者編集者を経て独立し、現職。地質学や古生物学の一般向け書籍や雑誌記事多数。近著に、『世界の恐竜MAP 驚異の古生物を探せ』(エクスナレッジ)、『完全解剖ティラノサウルス』(NHK出版)、『楽しい動物化石』(河出書房新社)など。

恐竜・古生物の名前さくいん

サ

タ

監　修　群馬県立自然史博物館

1996年開館。世界文化遺産となった富岡製糸場で有名な群馬県富岡市にあり、地球と生命の歴史や群馬県の豊かな自然を紹介しています。常設展示には、ディメトロドンの実物骨格や三葉虫、竜脚類恐竜の全身骨格、実物大のティラノサウルスのロボット、ペルー産のヒゲクジラ類の全身骨格化石のほか、群馬県の自然を再現したジオラマ、ダーウィン直筆の手紙、さまざまな化石人類のジオラマなどがあり、「見て・触れて・発見できる」展示です。企画展も年3回開催しています。2016年で開館20周年を迎え、趣向をこらした展示のさらなる充実を図っています。

著　者　土屋　健（つちや・けん）

編集協力・デザイン　ジーグレイプ株式会社

イラスト　川崎　悟司

漫画　手丸　かのこ

装丁　柿沼　みさと

主な参考文献

『エディアカラ紀・カンブリア紀の生物』監修：群馬県立自然史博物館、著：土屋健，2013年刊行、技術評論社／『大人のための「恐竜学」』監修：小林快次、著：土屋健、2013年刊行、祥伝社新書／『恐竜学入門』著：David E. Fastovsky、David B. Weishampel、東京化学同人、2015年刊行／『恐竜時代1』著：小林快次，2012年刊行，岩波ジュニア新書／『古第三紀・新第三紀・第四紀の生物 下巻』監修：群馬県立自然史博物館、著：土屋健、2016年刊行、技術評論社／『三畳紀の生物』監修：群馬県立自然史博物館、著：土屋健，2015年刊行、技術評論社／『ジュラ紀の生物』監修：群馬県立自然史博物館、著：土屋健、2015年刊行、技術評論社／『小学館の図版NEO［新版］恐竜』監修：冨田幸光、小学館、2014年刊行／『小学館の図版NEO［新版］魚』井田齊、松浦啓一、指導・執筆：藍澤正宏、岩見哲夫、近江 卓、萩原清司、籔本美孝、朝日田卓、成澤哲夫、小学館、2015年刊行／『小学館の図鑑NEO［新版］動物』指導・執筆：三浦慎吾、成島悦雄、伊澤雅子、吉岡 基、室山泰之、北垣憲仁、画：田中豊美ほか、2014年刊行、小学館／『小学館の図版NEO［新版］鳥』監修：上田恵介、指導・執筆：柚木 修、画：水谷高英ほか、小学館、2015年刊行／『世界恐竜発見史』著：ダレン・ネイシュ、2010年刊行、ネコ・パブリッシング／『石炭紀・ペルム紀の生物』監修：群馬県立自然史博物館、著：土屋健，2014年刊行、技術評論社／『ティラノサウルスはすごい』監修：小林快次、著：土屋健、2015年刊行、文藝春秋／『デボン紀の生物』監修：群馬県立自然史博物館、著：土屋健、2014年刊行、技術評論社／『動物行動学事典』編：デイヴィド・マクファーランド，1993年刊行、動物社／『ホルツ博士の最新恐竜事典』著：トーマス・R・ホルツ Jr，2010年刊行、朝倉書店／『Biology of the Sauropod Dinosaurus』編集：Nicole Klein，Kristian Remes，Carole T. Gee，P. Martin Sander，2011年刊行、Indiana University Press／『Dinosaur Paleobiology』 著：Stephen L. Brusatte，2012年刊行、Wiley-Blackwell／『Dinosaurus A Field guide』著：Gregory S. Paul，2010刊行、A&C Blackx／『The DINOSAURIA 2ed』編：David B. Weishampel、Peter Dodson、Halska Osmólska、University of California Press、2004年刊行／Darla K. Zelenitsky，François Therrien，Yoshitsugu Kobayashi，2009，Olfactory acuity in theropods: palaeobiological and evolutionary implications，Proc. R. Soc. B，276，667-673／K.T.Bates and P. L. Falkingham，2012，Estimating maximum bite performance in *Tyrannosaurus rex* using multi-body dynamics，Biol. Lett，doi: 10.1098/rsbl.2012.0056／Lars Schmitz and Ryosuke Motani，2011，Nocturnality in Dinosaurs Inferred from Scleral Ring and Orbit Morphology，Science，332，705／William Irvin Sellers，Phillip Lars Manning，2007，Estimating dinosaur maximum running speeds using evolutionary robotics，Proc. R. Soc. B，vol.274，p2711-2716／W.I. Sellers，P.L. Manning，T. Lyson，K. Stevens，and L. Margetts，2009，Virtual Palaeontology: Gait Reconstruction of Extinct Vertebrates Using High Performance Computing，Palaeontologia Electronica Vol. 12，Issue 3，11A，26p　ほか、学術論文等多数。

「もしも？」の図鑑
くらべる恐竜図鑑

2016年 11月 19日　初版第1刷発行
2023年 4月 14日　初版第6刷発行

著　　者　土屋　健
発 行 者　岩野裕一
発 行 所　株式会社実業之日本社
〒107-0062　東京都港区南青山 5-4-30　emergence aoyama complex 3F
【編集部】03-6809-0473　【販売部】03-6809-0495
実業之日本社のホームページ　https://www.j-n.co.jp/
印刷・製本　大日本印刷株式会社

　Printed in Japan（第一児童）ISBN978-4-408-45597-6